DESCOMPLICANDO A QUALIDADE E SEGURANÇA EM SAÚDE

Editora Appris Ltda.
1.ª Edição - Copyright© 2024 dos autores
Direitos de Edição Reservados à Editora Appris Ltda.

Nenhuma parte desta obra poderá ser utilizada indevidamente, sem estar de acordo com a Lei nº 9.610/98. Se incorreções forem encontradas, serão de exclusiva responsabilidade de seus organizadores. Foi realizado o Depósito Legal na Fundação Biblioteca Nacional, de acordo com as Leis nos 10.994, de 14/12/2004, e 12.192, de 14/01/2010.

Catalogação na Fonte
Elaborado por: Josefina A. S. Guedes
Bibliotecária CRB 9/870

C578d
2024
	Cirino, J. Antônio
	    Descomplicando a qualidade e segurança em saúde / J. Antônio Cirino, Andréa Prestes, Gilvane Lolato. – 1. ed. – Curitiba: Appris, 2024.
	    164 p. ; 23 cm.
	
	    Inclui referências.
	    ISBN 978-65-250-5456-8
	
	    1. Controle de qualidade – Saúde. 2. Segurança do paciente. 3. Saúde. I. Prestes, Andréa. II. Lolato, Gilvane. III. Título.
	                                                                    CDD – 610

Livro de acordo com a normalização técnica da ABNT

Appris editora

Editora e Livraria Appris Ltda.
Av. Manoel Ribas, 2265 – Mercês
Curitiba/PR – CEP: 80810-002
Tel. (41) 3156 - 4731
www.editoraappris.com.br

Printed in Brazil
Impresso no Brasil

J. Antônio Cirino
Andréa Prestes
Gilvane Lolato

DESCOMPLICANDO A QUALIDADE E SEGURANÇA EM SAÚDE

FICHA TÉCNICA

EDITORIAL	Augusto Coelho
	Sara C. de Andrade Coelho
COMITÊ EDITORIAL	Marli Caetano
	Andréa Barbosa Gouveia (UFPR)
	Jacques de Lima Ferreira (UP)
	Marilda Aparecida Behrens (PUCPR)
	Ana El Achkar (UNIVERSO/RJ)
	Conrado Moreira Mendes (PUC-MG)
	Eliete Correia dos Santos (UEPB)
	Fabiano Santos (UERJ/IESP)
	Francinete Fernandes de Sousa (UEPB)
	Francisco Carlos Duarte (PUCPR)
	Francisco de Assis (Fiam-Faam, SP, Brasil)
	Juliana Reichert Assunção Tonelli (UEL)
	Maria Aparecida Barbosa (USP)
	Maria Helena Zamora (PUC-Rio)
	Maria Margarida de Andrade (Umack)
	Roque Ismael da Costa Güllich (UFFS)
	Toni Reis (UFPR)
	Valdomiro de Oliveira (UFPR)
	Valério Brusamolin (IFPR)
SUPERVISOR DA PRODUÇÃO	Renata Cristina Lopes Miccelli
ASSESSORIA EDITORIAL	Miriam Gomes
REVISÃO	Cristiana Leal
PRODUÇÃO EDITORIAL	Miriam Gomes
DIAGRAMAÇÃO	Andrezza Libel
CAPA	Julie Lopes
REVISÃO DE PROVA	William Rodrigues

PREFÁCIO

Simplificar para implantar a qualidade e segurança do paciente nos serviços de saúde

Bem-vindo ao *Descomplicando a Qualidade e Segurança em Saúde*.

No atual cenário de saúde em rápida mudança, garantir a qualidade e a satisfação do paciente nunca foi tão crucial.

Neste guia prático desenvolvido para simplificar as complexidades da prestação de cuidados de alta qualidade no setor de saúde, escrito por J. Antônio Cirino, Andréa Prestes e Gilvane Lolato, mergulharemos no tema central de modo a tornar mais simples a qualidade em organizações de saúde, buscando desmistificar o conceito de qualidade em saúde, com estratégias acionáveis para alcançar a excelência na prestação de serviços.

Vivemos em uma época em que a qualidade é valorizada e buscada em todos os setores da sociedade. As pessoas estão cada vez mais atentas à busca pela excelência, seja na aquisição de produtos e serviços, seja em relacionamentos e experiências. Nesse sentido, a gestão da qualidade em saúde é essencial para garantir que os serviços prestados aos pacientes sejam seguros, eficazes e centrados nas pessoas. No entanto, em um mundo crítico e em constante evolução da saúde, muitas vezes nos deparamos com barreiras e obstáculos que tornam o alcance desse objetivo um desafio complexo e frustrante.

A qualidade na saúde vai além de atender aos padrões mínimos ou preencher itens em relatórios; envolve a prestação de cuidados seguros, eficazes, centrados no paciente, oportunos, eficientes e equitativos. Atingir esse nível requer um esforço coordenado em todos os setores das organizações de saúde, desde os cuidadores da linha de frente até os executivos de alto nível.

Ao adquirir conhecimentos sobre práticas e técnicas de gestão da qualidade, os profissionais de saúde podem identificar áreas de melhoria e implementar estratégias para aprimorar a qualidade dos cuidados. Dessa forma, aquilo que é visto inicialmente como complexo torna-se algo compreensível, tangível e mensurável.

Nesta obra, são apresentadas abordagens e estratégias que visam simplificar a qualidade, desmistificar os processos e fornecer *insights* práticos para alcançar resultados positivos de maneira mais efetiva. Vamos explorar como a simplicidade pode ser aplicada em diversos contextos nas organizações de saúde, tendo a melhoria contínua como uma prática central na gestão da qualidade no ambiente profissional.

Qualidade não é mera formalidade, é uma ferramenta poderosa que impulsiona a melhoria contínua e promove uma cultura de excelência nas instituições de saúde. O processo de oferta de qualidade requer dedicação, colaboração e disposição para se adaptar ao cenário em constante mudança das políticas e regulamentações de saúde.

Ao longo das próximas páginas, você verá que simplificar a qualidade não significa reduzir seu valor ou comprometer seus padrões. Pelo contrário, trata-se de encontrar o equilíbrio perfeito entre eficiência e eficácia, eliminando a burocracia desnecessária e focando no que realmente importa.

Simplicidade na qualidade não apenas facilita os processos, como também aumenta a produtividade, reduz os custos e promove um ambiente mais positivo e saudável.

Ao longo deste livro, fica enfatizada a importância da colaboração e do engajamento. A melhoria efetiva da qualidade requer o envolvimento de todas as partes interessadas, incluindo pacientes, funcionários da linha de frente, administradores e equipes de suporte, explorando métodos para promover uma cultura de trabalho em equipe, comunicação e aprendizado contínuo.

Por meio das reflexões propostas, este livro fornece um guia abrangente para simplificar a qualidade em várias áreas. Se você é um líder em busca de métodos viáveis para melhorar seus processos, um profissional que deseja alcançar resultados na gestão da qualidade ou alguém que busca aprimorar os conhecimentos direcionados ao tema, encontrará, em cada capítulo, um importante suporte.

Na seara de conhecimento direcionada para simplificar sua jornada na gestão da qualidade em saúde, este livro chama à reflexão acerca da estratégia para a excelência, políticas institucionais, estruturação de protocolos, caminhos para a melhoria, auditorias internas, segurança do paciente na prática, gerenciamento das comissões e gerenciamento da qualidade.

A simplicidade é o caminho para a excelência, possibilitando que a qualidade dos serviços de saúde seja mais alcançável e sustentável, beneficiando tanto os profissionais de saúde quanto os pacientes. Historicamente, a gestão da qualidade foi trabalhada nos serviços de saúde como algo difícil e distante de muitos, associada recorrentemente a muitos investimentos de recursos (pessoas, financeiro etc.).

Nesse sentido, o caminho da melhoria contínua tem uma vertente possível como foco: demonstrar que todos podemos implantar e implementar a qualidade, independentemente do perfil da organização ou dos recursos disponíveis no momento. Precisamos apenas dar os primeiros passos.

Este livro irá capacitá-lo a perceber que a dinâmica da gestão da qualidade em organizações de saúde deve ser orientada para os resultados do cuidado centrado na pessoa e, por consequência, proporcionará benefícios duradouros e significativos para as instituições. Prepare-se para embarcar nesta jornada transformadora, na qual desvendaremos os segredos para alcançar a qualidade de forma simples e efetiva. Está na hora de facilitar a qualidade e colher os frutos positivos.

Descomplicando a Qualidade e Segurança em Saúde busca inspirar e capacitar os profissionais de saúde a adotar uma abordagem proativa para a melhoria da qualidade.

Ao adotar os princípios e estratégias descritos neste livro, as organizações de saúde podem facilitar seus processos, melhorar os resultados dos pacientes e, finalmente, causar um impacto significativo nas comunidades que atendem.

Espero que esta obra seja um recurso prático e perspicaz em sua jornada para tornar a qualidade nos serviços de saúde descomplicada e alcançável.

Boa leitura!

Dr. Péricles Goés da Cruz
Superintendente Técnico da Organização Nacional de Acreditação (ONA)

SUMÁRIO

INTRODUÇÃO
DESCOMPLICAR A QUALIDADE É O CAMINHO 11
Andréa Prestes, Gilvane Lolato & J. Antônio Cirino

CAPÍTULO 1
ESTRATÉGIA PARA A EXCELÊNCIA 17
Andréa Prestes

CAPÍTULO 2
POLÍTICAS INSTITUCIONAIS COMO NORMAS INTERNAS 37
Gilvane Lolato

CAPÍTULO 3
CAMINHOS PARA A ESTRUTURAÇÃO DE PROTOCOLOS 51
Gilvane Lolato

CAPÍTULO 4
MEDINDO E MELHORANDO OS RESULTADOS 63
Andréa Prestes

CAPÍTULO 5
GESTÃO DOCUMENTAL PARA PADRONIZAR E MELHORAR OS PROCESSOS 81
J. Antônio Cirino

CAPÍTULO 6
AUDITORIAS INTERNAS COMO INSTRUMENTO PARA A CONFORMIDADE 99
J. Antônio Cirino

CAPÍTULO 7
A SEGURANÇA DO PACIENTE NA PRÁTICA 117
Gilvane Lolato

CAPÍTULO 8
GERENCIAMENTO DAS COMISSÕES 131
J. Antônio Cirino

CAPÍTULO 9
APLICANDO AS FERRAMENTAS DA QUALIDADE..................... 145
Andréa Prestes

CONSIDERAÇÕES
O APRENDIZADO COMO PRINCIPAL PILAR........................... 161
Andréa Prestes, Gilvane Lolato & J. Antônio Cirino

INTRODUÇÃO

DESCOMPLICAR A QUALIDADE É O CAMINHO

Andréa Prestes
Gilvane Lolato
J. Antônio Cirino

Se você chegou até aqui com certeza está em busca de fortalecer a sua jornada na melhoria da Qualidade. Seja bem-vindo(a), esperamos que nossa experiência nessa caminhada possa influenciar positivamente seus passos.

O Sistema de Gestão da Qualidade pode ser considerado complicado, dependendo da ótica de quem o implementa e como realiza essa estruturação. Considerando que o setor Saúde tem uma elevada complexidade, multiplicidade de áreas e necessidade de atualização contínua, isso pode influenciar o escopo do sistema de gestão da qualidade a ser implantado. Para a execução da assistência segura à saúde humana, são necessários minimamente fluxos assistenciais e processos padronizados, bem como protocolos implantados; ainda assim, questões clínicas do próprio paciente podem levar a desfechos diferentes. Esses simples exemplos mostram que gerir a qualidade, em um sistema complexo, exige flexibilidade para analisar cenários distintos dos que já foram previstos e possibilitar a execução de ações assertivas sustentadas por um sistema organizacional seguro.

Descomplicar é fazer cessar a complicação. É simplificar! Na gestão da qualidade, a analogia do copo cheio e copo vazio pode ser aplicada para analisar situações difíceis de modo a encontrar um equilíbrio adequado na busca pela excelência. Vamos explorar como essa analogia pode ser utilizada nesse contexto.

Copo cheio, na gestão da qualidade, pode representar uma situação em que a organização está sobrecarregada de processos, procedimentos, padrões e regulamentações e passamos a visualizar um copo cheio, que pode ocasionar o desespero de que é tão complicado que não será possível resolver. Nesse caso, a analogia nos lembra que é importante esvaziar um pouco o copo para evitar a complexidade excessiva e a burocracia desnecessária.

Isso pode significar simplificar processos, eliminar tarefas redundantes, revisar padrões e regulamentações obsoletos, bem como concentrar-se no que realmente importa sem comprometer a qualidade desejada.

Copo vazio, na gestão da qualidade, pode significar uma situação em que a organização esteja negligenciando a importância de processos e procedimentos padronizados. Nesse caso, a analogia nos ajuda a refletir que é necessário encher o copo para estabelecer uma base sólida para a melhoria contínua. Diante disso, sua ótica mudará, e você e enxergará não uma, mas várias possibilidades de solucionar esse problema. Encher o copo significa a implementação de sistemas de gestão da qualidade, a adoção de ferramentas de qualidade, a realização de treinamentos e capacitações para os colaboradores etc.

A analogia do copo cheio e do copo vazio nos convida a encontrar o equilíbrio adequado entre a simplicidade e a complexidade, entre o essencial e o supérfluo na busca de aprimorar continuamente os processos, garantir a conformidade com os padrões de qualidade e, ao mesmo tempo, evitar a sobrecarga e a burocracia desnecessária. Essa reflexão é importante no dia a dia. Identificar os fatores que estão tornando a situação complexa para poder descomplicar. Mudar o olhar sobre o objeto.

Este livro tem o objetivo de descomplicar o que envolve o Sistema de Gestão da Qualidade na saúde. Olhar para os pilares de forma simples e encaixar no porte e *core* da sua organização.

A gestão de documentos, que muitas vezes parece "ingerenciável", pode se tornar simples ao implementar uma sistemática de estruturação e monitoramento que faça sentido para as partes interessadas da organização. Na estruturação das comissões, é essencial deixar claros os objetivos e quais resultados demonstrarão o alcance das metas pactuadas. Ao descomplicar o tema, é possível promover uma interação mais consistente entre as comissões. Desmistificar o processo de auditoria, clarificando seu papel de demonstrar que a execução das atividades está seguindo o que foi padronizado para garantir a qualidade e segurança. Estabelecer prioridades de checagem e sistemática de realização bem definidas, pode ser um dos caminhos para descomplicar esse tema.

Estruturar a estratégia da organização de acordo com o porte e core do negócio. Já ouviu a expressão "não dar um passo maior do que podemos!"? Com base nessa reflexão, é importante levar em conta o momento, a maturidade e o tamanho do serviço em que você atua. Considerar os resultados para apresentar se as metas estão sendo alcançadas e se os objetivos estão sendo atingidos. É crucial para a estratégia, sustentabilidade e perenidade da organização, manter um olhar crítico acerca de cada prática para não implementar métricas desnecessárias.

É preciso ser flexível com as ferramentas da qualidade, por compreender o propósito de cada uma, bem como aplicá-las de forma consistente para que possam auxiliar a organização nas tomadas de decisão. Definir diretrizes claras e coerentes é crucial para torná-las aplicáveis no dia a dia. Analisar o perfil dos pacientes para definir protocolos adequados descomplica o caminho do gerenciamento efetivo para a promoção da qualidade e segurança de forma que seja percebida pelo usuário final.

O Sistema de Gestão da Qualidade é sistêmico, transversal e integrado. Todas as partes interessadas precisam compreender e ter essa visão. Dessa forma, a organização será impulsionada para a mudança tendo como base o planejamento, o controle, a garantia e a melhoria contínua da qualidade.

- Planejamento: etapa em que começa o Sistema de Gestão da Qualidade, em que os objetivos, as metas e as responsabilidades são estabelecidos.

- Controle: momento da inspeção para avaliar o desempenho da entrega. O cumprimento dos padrões de qualidade é avaliado, e erros ou desvios são identificados.

- Garantia: parte essencial para identificar se os requisitos de qualidade são atendidos e se o desempenho satisfatório é mantido ao longo do tempo.

- Melhoria: abordagem consistente para aprimorar sistematicamente a maneira como o cuidado é prestado aos pacientes e familiares. Melhor experiência e resultados do paciente são alcançados por meio da mudança de comportamento e organização, alicerçado em métodos e estratégias de mudança sistemáticos adequados ao contexto.

A partir desta reflexão inicial, você está convidado(a) a percorrer uma jornada em que refletirá sobre como podemos descomplicar a qualidade.

Todos nós já vivenciamos situações desafiadoras em nossas experiências profissionais. Você não está sozinho(a) para estruturar ou melhorar a gestão da qualidade do serviço de saúde em que atua.

Este livro é um convite para tornar a gestão da qualidade um assunto de todos para todos, de fácil entrada, entendimento e produção. Esperamos contribuir com a sua jornada. Tenha uma excelente leitura!

CAPÍTULO 1

ESTRATÉGIA PARA A EXCELÊNCIA

Andréa Prestes

SOBRE O QUE VAMOS CONVERSAR

Sobre a importância do posicionamento estratégico para que as organizações de saúde obtenham bons resultados, trazendo o Planejamento Estratégico (PE) como essencial para o alcance dos objetivos institucionais, com a inclusão de toda a estrutura hierárquica nesse processo. Abordaremos as fases para a implantação do PE, o monitoramento do planejado e a análise dos resultados.

ESTRATÉGIA: O NORTE ORGANIZACIONAL

No capítulo que abre o primeiro livro *Estratégias para a acreditação dos serviços de saúde*, intitulado "Por onde começar", contextualizamos a importância da estratégia nas organizações de saúde, direcionada principalmente, ao projeto de acreditação. O objetivo foi demonstrar que a busca da acreditação deve advir da decisão da alta gestão das instituições de saúde, decorrente do desdobramento de ações alinhadas à estratégia organizacional. No capítulo, recomendamos uma sequência de quatro fases sistematizadas para a implementação do PE como ferramenta adequada à construção orientada das atividades, bem como sugerimos o uso do Balanced Scorecard (BSC), para o acompanhamento e monitoramento das ações.

Neste capítulo aprofundaremos a importância do PE bem estruturado para a condução e o desdobramento adequado da estratégia, que precisa ser entendida como o norte organizacional para tudo que a organização se propõe a realizar. A validação e o reconhecimento externo almejados com a acreditação perpassam por um olhar macro de gestão, que inclui estruturas básicas consistentes, ao exemplo da gestão da qualidade, para que seja capilarizada, em todas as esferas institucionais, a nova cultura desejada.

Inicialmente, precisamos compreender o que significa estratégia e gestão estratégica. A estratégica surgiu no âmbito militar, e sua difusão é atribuída ao general chinês Sun Tzu, por meio de seu livro *A arte da guerra*[1], escrito há mais de 2.500 anos. No contexto empresarial, estratégia é o estabelecimento de um foco de direção para as ações, orientado por objetivos claros e factíveis. Significa dizer que, por meio da criação de metas e objetivos de longo prazo, são estabelecidas linhas de ação com a correta destinação dos recursos indispensáveis para o alcance desses objetivos.[2]

É importante clarificar a diferença entre estratégia e planejamento estratégico. Ainda que sejam complementares, não são a mesma coisa. A estratégia é originada do pensamento estratégico, composto da intuição e da competência de reunir as informações e os conhecimentos organizacionais. O planejamento estratégico, por sua vez, permite a sistematização das ideias para que as metas e os objetivos sejam organizados em programas e projetos plausíveis para a adequada implementação.[3]

A partir disso, é possível avançar para o contexto do posicionamento estratégico, essencial à obtenção dos resultados almejados.

O POSICIONAMENTO ESTRATÉGICO

É comum que as equipes responsáveis tenham dificuldade na elaboração do planejamento estratégico, pelo simples fato de não saberem por onde começar e qual a estrutura adequada. Isso faz com que muitos planos sejam desenhados sem considerar o primeiro fator essencial: o posicionamento estratégico da organização.

Tal posicionamento abrange vários aspectos, como: análise e seleção de mercado e público-alvo; diferenciação de produtos e serviços; alocação de recursos; planejamento de marketing e definição de preços. O propósito do posicionamento estratégico é encontrar uma forma de se destacar no mercado, que pode ser por meio da inovação, de produtos e serviços de qualidade, de preços competitivos, de marketing eficaz ou de uma boa experiência do cliente.

Quando o posicionamento estratégico não está claro, é provável que a estratégia fique comprometida e que o PE não faça muito sentido, decorrendo

---

[1] TZU, S. **A Arte da Guerra**. São Paulo: Novo Século, 2015.
[2] DUPONT, A. **Strategy and Structure, Chapters in the History of the Industrial Enterprise**. Cambridge: The MIT Press, 1962.
[3] MINTZBERG, H. The fall and rise of strategic planning. **Harvard Business Review**, [S. l.], v. 72, n. 1, p. 107114, 1994.

em fracasso na implementação. Para definir o posicionamento estratégico, recomendamos iniciar a reflexão respondendo as seguintes perguntas:

1. O que desejam as partes interessadas (proprietários, parceiros, clientes, colaboradores, fornecedores e governo)?
2. Qual é o cliente-alvo da organização? O que ele busca?
3. O que as partes interessadas esperam da instituição?
4. O que a empresa espera das partes interessadas?

Caso o momento da instituição seja de revisão do PE, é importante verificar se o plano atual é consistente com os objetivos e se está alinhado aos interesses das partes interessadas. Se não for, então é necessário realizar algumas modificações. Pode ser preciso definir novas estratégias, ajustar os processos existentes ou ainda ajustar os objetivos e metas. Talvez seja oportuno até mesmo fazer mudanças na equipe ou na estrutura organizacional. Todos esses movimentos, no posicionamento ou reposicionamento estratégico, precisam ser feitos com cuidado, para que o plano estratégico se encaixe corretamente ao negócio da organização.

COMPREENDENDO O PLANEJAMENTO ESTRATÉGICO

Você já se perguntou por que o PE é tão importante para as organizações? Por que, apesar de ser essencial, ainda existe dificuldade de entendimento e, muitas vezes, de desenvolvimento? Neste capítulo trazemos algumas ferramentas e explicações com o objetivo de facilitar esse processo nas organizações de saúde.

O PE tem como objetivo principal ajudar o serviço de saúde a definir metas a longo prazo, alocar recursos financeiros de acordo com essas metas, melhorar a eficiência operacional e aumentar a competitividade no mercado. Serve ainda como referência para guiar as ações de gestores e equipes.

O PE é o processo de escolher quais caminhos seguir. Envolve identificar e entender as metas da organização, bem como desenvolver planos estruturados para o alcance de resultados pretendidos. Inclui ainda a execução e o monitoramento desses planos para assegurar que a organização esteja se movendo na direção certa.

Dessa forma, o PE é a base para a elaboração dos objetivos da organização, que devem ser mensuráveis, alcançáveis e com um prazo definido. Esses objetivos devem estar alinhados aos valores da empresa e de seus colaboradores, de modo que todos sintam-se comprometidos com o sucesso organizacional. Com o PE, é possível estabelecer prioridades, alocar recursos adequadamente, identificar novas oportunidades e avaliar os resultados para aprimorar as estratégias. Isso permite que a empresa atinja o objetivo de maneira mais certeira, alcançando melhores resultados e se destacando no mercado.[4]

São muitos os resultados positivos que podem ser alcançados por meio de um PE bem desenhado e implementado. A seguir, apresentaremos algumas fases para auxiliar em sua elaboração, implantação e seu monitoramento.

AS FASES PARA A IMPLANTAÇÃO DO PLANEJAMENTO ESTRATÉGICO

A organização de um trabalho em etapas permite segmentar o que inicialmente pode parecer complexo e moroso em algo mais claro e plausível de execução. A partir desse pensamento, propomos que o desenvolvimento e a implantação do PE sigam a mesma lógica: a sistematização do todo em ações menores e sequenciais. Ao desmembrar em partes menores, aumenta-se o entendimento do que precisa ser executado, bem como a possibilidade de êxito. Por isso, apresentamos a seguir uma figura que visa auxiliar a visualização das fases que recomendamos para a elaboração do PE em instituições de saúde.

Figura 1 – Fases do Planejamento Estratégico

Fonte: adaptada de Prestes e Roberti[5]

---

[4] PRESTES, A.; ROBERTI, I. P. Por onde começar. *In*: CIRINO, J. A.; PRESTES, A.; LOLATO, G. (org.). **Estratégias para a Acreditação dos Serviços de Saúde**. Curitiba: Appris, 2021.

[5] *Idem*.

A partir do desdobramento do todo em partes menores, é possível organizar o pensamento lógico das ações a serem empreendidas em cada momento.

É importante referir que é comum as organizações estruturarem o PE "[...] em horizontes, considerando uma perspectiva de tempo adequada à ambição da visão e às características do ambiente em que ela está inserida".[6] Nesse sentido, "habitualmente, as instituições de saúde determinam um tempo máximo para o cumprimento do planejado e desdobram-no em planos operacionais anuais".[7]

PLANEJAMENTO E PROPÓSITO

Tudo começa com o planejamento. Essa etapa é fundamental para o sucesso do PE. Nessa fase deverá ser provocada uma reflexão de todos os *stakeholders* da organização sobre pontos que parecem lógicos no primeiro momento, mas que, ao se iniciar o processo de perguntas direcionadoras, muitos tendem a gaguejar ou perder a certeza e clareza inicialmente existente acerca do contexto da instituição de saúde.

Muitos pensam que parar pessoas ocupadas, a exemplo de superintendentes, diretores e gerentes, é uma perda de tempo, principalmente se for para definir aspectos como missão, visão, valores e propósito organizacionais. Esse pode ser um dos principais equívocos dos responsáveis pelo PE e dos líderes máximos da organização, por não compreenderem seu papel na definição da estratégia institucional.

Nessa fase, chamada de planejamento e propósito, existem duas grandes etapas às quais é necessário dedicar tempo: a primeira está ligada à identidade organizacional, e a segunda, ao conhecimento do cenário. Ambas precisam ser conduzidas pelos líderes máximos da instituição ou, pelo menos, ter sua participação maciça.

No caso de unidades de saúde privadas com quotas societárias, é possível que exista uma diretoria ou conselho eleito que possa participar e representar o corpo social. Quando se trata de organizações públicas sem estatuto claro, diretrizes do órgão gestor ou um contrato que norteie as entregas esperadas daquela unidade, recomenda-se que seja consultado previamente um representante da esfera pública gestora, para que sejam colhidas informações e orientações pertinentes ao momento, como:

---

[6] PAIOTTI, A. J. Planejamento Estratégico. *In*: PRESTES, A. *et al*. **Manual do Gestor Hospitalar**. v. 2. Brasília: Federação Brasileira de Hospitais, 2020. p. 42.
[7] PRESTES; ROBERTI, 2021. p. 28.

a. Identidade Organizacional: composta habitualmente pela missão, pela visão e pelos valores. A missão representa o propósito, a essência e a razão da existência da instituição. Para provocar a reflexão acerca do desenvolvimento do texto que comporá a missão, sugere-se perguntar por que a empresa existe. A visão deve representar a aspiração de futuro da organização; em outras palavras, é o sonho a ser alcançado. A pergunta que pode ser feita para promover o desenvolvimento da visão é: aonde a empresa quer chegar? Já os valores são os comportamentos praticados pelas pessoas que compõem a organização, que levam ao cumprimento da missão e o atingimento da visão. Para elencar os valores, pode-se questionar quais comportamentos levarão a empresa a cumprir sua missão e a atingir seu sonho.[8] O propósito pode ser pensado como o motivo pelo qual a empresa faz o que faz; relaciona-se ao sentimento interno de pertencimento. Para criar o propósito organizacional, podem ser feitas as seguintes perguntas: em prol de qual causa a empresa trabalha? Quais impactos a empresa quer deixar no mundo?

Para a realização desse exercício, sugerimos utilizar um *template* que auxilie o lançamento das ideias levantadas enquanto o *brainstorming* estiver ocorrendo, de preferência que seja visualizado por todos os participantes. Quando a opção for dividir as reflexões em subgrupos, os registros podem ocorrer em quadros de apoio, *flipchart*, cartolinas, formulários, entre outras formas que os condutores da dinâmica compreenderem que possibilitarão maior integração e exposição de ideias.

Desenvolvendo a identidade organizacional:

Quadro 1 – *Template* para desenvolvimento da identidade organizacional

1. Missão	2. Visão	3. Valores	4. Propósito
Por que a empresa existe?	Aonde a empresa quer chegar?	Quais comportamentos irão levar a empresa a cumprir sua missão e atingir o seu sonho?	Por que a empresa faz o que faz?
Respostas:	Respostas:	Respostas:	Respostas:

Fonte: adaptado de Prestes e Roberti[9]

---

[8] PRESTES; ROBERTI, 2021.
[9] *Idem.*

b. Análise de cenário: é fundamental para o desenvolvimento do PE que sejam levantados todos os fatores que interferem, ou podem vir a interferir, nos resultados da organização de saúde. Devem ser considerados os fatores do ambiente interno, que a auxiliam e atrapalham a execução da estratégia, bem como os fatores do ambiente externo, atrelados ao mercado em que a instituição está inserida. Para desenvolver essa análise e ajudar os envolvidos a refletir sobre todos os pontos, podem ser feitas as seguintes perguntas:

> Qual a realidade atual da empresa? Quais os limitadores que esta realidade impõe? Qual o cenário da área de atuação desta unidade de saúde? O que as empresas do mesmo segmento estão fazendo?[10]

Para auxiliar nesse exercício, sugere-se o uso de metodologias, como a matriz SWOT (em inglês, Strengths, Weaknesses, Opportunities e Threats) ou FOFA (em português, Forças, Oportunidades, Fraquezas e Ameaças).

Analisando o cenário

Quadro 2 – *Template* para a análise de cenário

Relacionadas ao cenário interno	Relacionadas ao cenário externo
Forças	**Oportunidades**
Quais forças a instituição possui que podem ser potencializadas?	Quais oportunidades existem no ambiente externo que podem ser aproveitadas?
Respostas:	Respostas:
Fraquezas	**Ameaças**
Quais fraquezas a empresa possui que devem ser corrigidas ou controladas?	Quais ameaças existem no ambiente externo que devem ser minimizadas?
Respostas:	Respostas:

Fonte: a autora do capítulo

Existem outras formas de avaliar o ambiente, como a análise PESTEL, que é uma ferramenta para identificar as oportunidades e as ameaças externas que afetam o desempenho da empresa. O acrônimo refere-se à

---
[10] PRESTES; ROBERTI, 2021, p. 29.

avaliação dos aspectos políticos (P); econômicos (E); sociais (S); tecnológicos (T); ecológicos (E) e legais (L), relacionados ao ambiente em que a empresa atua, para identificar novas oportunidades e desafios.

Avaliação Pestel

Quadro 3 – *Template* para a avaliação PESTEL

P	E	S	T	E	L
Fatores Políticos	Fatores Econômicos	Fatores Sociais	Fatores Tecnológicos	Fatores Ecológicos	Fatores Legais
Respostas:	Respostas:	Respostas:	Respostas:	Respostas:	Respostas:

Fonte: a autora do capítulo

Para a execução desse levantamento, sugerimos a realização de um *brainstorming* para que todos possam expor seu ponto de vista e contribuir com a identificação do cenário atual da organização de saúde. É importante criar um ambiente oportuno para a participação livre e sem julgamentos, uma vez que o objetivo é que participem todas as lideranças da alta administração, bem como as da média gerência. Caso seja realizado num único momento, o condutor dessa atividade precisa ter uma dinâmica que incentive a participação voluntária de todos os integrantes. Essa é a forma mais efetiva de iniciar o engajamento com a implantação do PE.

OBJETIVOS, METAS E INDICADORES

A partir da definição da missão, da visão, dos valores e do propósito, é iniciada a descrição formal da estratégia, que pode ser representada pela criação dos objetivos estratégicos, metas e indicadores. Os objetivos são os primeiros a serem descritos, para traduzir aquilo que foi desenvolvido na etapa anterior, ou seja, o caminho a ser seguido pela organização para cumprir sua missão e alcançar a visão. Associadas aos objetivos devem estar as metas, que servem para detalhar o estado futuro que se pretende atingir, bem como os indicadores que sinalizam como está o desempenho em dado momento, em relação às metas definidas.

Para sistematizar as ideias durante a criação dos objetivos estratégicos, pode ser usado o Balanced Scorecard (BSC), que possibilita uma criação baseada em suas quatro perspectivas: financeira, cliente, processos internos e aprendizado e crescimento. "A partir dos quatro tópicos referidos, é possível posicionar os objetivos macros da instituição de acordo com a perspectiva correspondente".[11] Interessante destacar que as quatro perspectivas são a base para que as instituições de saúde sistematizem suas ideias estratégicas, contudo elas podem ser adaptadas, bem como novas perspectivas podem ser acrescentadas de acordo com a realidade e a necessidade da organização.

Sugerimos o uso de um *template* para o desenvolvimento dessa fase.

Desdobramento de objetivos estratégicos, metas e indicadores

Quadro 4 – *Template* para o desdobramento de objetivos estratégicos, metas e indicadores

Perspectiva	Objetivo Estratégico	Meta	Indicador
Financeira			
Cliente			
Processos internos			
Aprendizado e crescimento			

Fonte: a autora do capítulo

O BSC é muito útil tanto para o desenvolvimento do PE, bem como para seu monitoramento, por compilar, em um único local, todas as pretensões relacionadas à estratégia organizacional. Permite que os objetivos sejam visualizados e relacionados entre si, fator extremamente importante para que o PE mantenha a conexão entre o que está sendo proposto em todas as áreas da organização e o que precisa de alinhamento, uma vez que, independentemente da perspectiva, os objetivos devem almejar o cumprimento da mesma estratégia.

É importante observar alguns pontos essenciais para a criação dos objetivos e indicadores. Os objetivos estratégicos devem refletir a missão, a visão e os valores da instituição e estar alinhados aos níveis estratégico, tático e operacional. É necessário que possuam uma escrita clara capaz de orientar a todos sobre o que será necessário executar, bem como sobre o desenvolvimento das ações, além de possibilitar o fornecimento de informações para a tomada de decisão.

---

[11] PRESTES; ROBERTI, 2021, p. 36.

Cada objetivo precisa ter uma meta associada, capaz de representar o que a empresa pretende alcançar, relacionado àquela perspectiva. É importante que, ao estabelecer uma meta para o objetivo estratégico, os participantes tenham a clareza de que precisam visualizar o quanto desejam atingir e até quando, ou seja, o fator temporal deve ser parte da definição. Outra dica é o uso do acrônimo SMART para auxiliar no desenvolvimento da meta; traduzido para a língua portuguesa, nos direciona a observar o quanto a meta estabelecida é: específica, mensurável, atingível, relevante e temporizável.

Os indicadores são compostos por métricas que permitem a obtenção de informações para a avaliação do desempenho em relação aos objetivos e às metas estipuladas. Eles mostram se o caminho trilhado é o adequado para que a organização consiga atingir seus objetivos estratégicos. Esse tema será amplamente trabalhado no capítulo "Medindo e melhorando os resultados".

Um ponto importante a ser destacado é que essa etapa, normalmente, ocorre com a participação da alta gestão e da média gerência. A depender de como está estruturado o organograma da instituição, pode incluir apenas superintendentes, diretores e gerentes; em outros casos, pode contar com a participação de coordenadores e supervisores. Independentemente da relação de participantes, é recomendado que, para os desdobramentos dos objetivos estratégicos em linhas de ação para cada área da organização, haja a participação dos líderes das linhas táticas e operacionais, para que a tradução da estratégia seja feita de maneira adequada e coerente. Da mesma forma, é essencial a presença de representantes da alta gestão, para que nesse desenvolvimento não seja perdido o referencial estratégico definido; as ações precisam ter relação entre as esferas estratégica, tática e operacional. Falaremos disso mais adiante.

Vimos, no Quadro 4, a organização dos objetivos estratégicos de acordo com cada perspectiva do BSC, o que pode ser chamada de primeira instância. É importante salientar que os desdobramentos citados anteriormente referem-se à criação de linhas de ação derivadas desses objetivos macro. Em outras palavras, os objetivos estratégicos especificam os resultados esperados para a empresa em linhas amplas. Já as ações estratégicas, que são descritas a partir desses, representam os acionadores de resultados, ou seja, o que será realizado para que os objetivos sejam cumpridos e as metas, alcançadas. Vejamos no exemplo a seguir.

Desdobramento de objetivos estratégicos em ações

Quadro 5 – *Template* para o desdobramento de ações estratégicas

Perspectiva estratégica	Objetivo estratégico	Ação estratégica	Responsável	Indicador	Meta
Processos internos	Promover a Gestão da Qualidade e Segurança do Paciente com vistas à Acreditação	Implementar ações sistematizadas para o processo de Acreditação	Quem responderá pela ação macro	Percentual do cumprimento do plano para a Acreditação: (Ações executadas/ Ações planejadas) x 100	80% das ações de cada plano executadas anualmente
Nível estratégico					

Fonte: a autora do capítulo

Após a construção das ações estratégicas, conforme exemplo no Quadro 5, é preciso relacionar todas as iniciativas que serão desenvolvidas para atender à ação estratégica e, por fim, ao objetivo estratégico. Vejamos a continuidade no exemplo a seguir.

Desdobramento de ações estratégicas em iniciativas

Quadro 6 – *Template* para o desdobramento de iniciativas

Ação estratégica	Iniciativas	Responsável	Indicador	Meta
Implementar ações sistematizadas para o processo de Acreditação	Sistematizar a Gestão da Segurança do Paciente	Quem responderá pela ação	Percentual do cumprimento do plano de ação: (Ações realizadas/ Ações planejadas) x 100	85% das ações executadas até a data __/__/__

Ação estratégica	Iniciativas	Responsável	Indicador	Meta
Implementar ações sistematizadas para o processo de Acreditação	Implantar a Gestão de Riscos	Quem responderá pela ação	Percentual dos riscos mapeados: (Mapeamento realizado/ Mapeamento planejado) x 100	80% dos riscos mapeados até a data __/__/__
	Treinar a política de Qualidade	Quem responderá pela ação	Percentual dos colaboradores treinados: (Colaboradores treinados/ colaboradores existentes) x 100	80% dos colaboradores treinados até a data __/__/__
	Nível tático/operacional			

Fonte: a autora do capítulo

O Quadro 6 exemplifica como as ações estratégicas serão desdobradas em iniciativas no âmbito tático-operacional. É oportuno esclarecer ainda que das iniciativas sairão várias outras ações a serem detalhadas em planos setoriais, departamentais ou de macroprocessos. Pode-se perceber que o desenho da estratégia vem do topo desdobrado para a operação. Já a execução do planejado começa na operação e vai retroalimentando até o topo da pirâmide estratégica. Assim, reforçamos a recomendação de que cada etapa seja respeitada e devidamente executada, pois, na falta de participação e entendimento em uma das linhas — estratégico, tático, operacional —, os resultados pretendidos com o PE ficarão comprometidos.

APRESENTAÇÃO E COMPARTILHAMENTO

Essa etapa não pode ser suprimida na intenção de agilizar a ação. A comunicação maciça do PE, do motivo de sua existência e do papel de cada colaborador para que os resultados esperados sejam atingidos é fundamental para o entendimento, que, por sua vez, é fator sine qua non para o engajamento. Os profissionais, ao serem contextualizados sobre o que está acontecendo na organização e o que é esperado de sua atuação, tendem a sentir que a empresa os respeita por serem fator importante de sucesso.

É claro que um plano de comunicação adequado para cada tipo de público deve ser desenvolvido desde o início dos trabalhos do PE, uma vez que, mesmo não existindo a participação direta dos colaboradores da operação quando os primeiros movimentos de criação da estratégia começarem, seus líderes imediatos estarão envolvidos no processo.

Alguns condutores de PE adotam a sistemática de propor que os gestores das diversas áreas realizem reuniões com seus liderados da operação para colher percepções, com o intuito de ajudar a compor a identidade organizacional. Nessas oportunidades, de forma indireta, já começa o envolvimento de todos. De fato, nossa experiência prática tem evidenciado que essa forma de inclusão de todas as pessoas da organização, desde os primeiros passos do PE, possibilita maior entendimento e sentimento de pertencimento nos colaboradores quando as ações práticas ligadas ao seu dia a dia chegam para que sejam ajustadas, implantadas ou incrementadas.

Independentemente do momento em que a organização optar por iniciar o processo de apresentação e compartilhamento do PE, algumas reflexões básicas podem auxiliar no ordenamento e na criação de um plano de comunicação. Sugerimos fazer as seguintes perguntas:

> Como as pessoas serão informadas sobre os propósitos da instituição? Como serão motivadas a participar das ações? Qual será a abordagem dos líderes de áreas e processos para a integração dos colaboradores nas ações a serem executadas?[12]

É importante compreender nessa construção que os diversos públicos existentes na instituição de saúde deverão ser comunicados da forma que melhor se aplicar ao seu contexto. Minimamente, sugerimos três segmentações para essa fase que são:[13]

- Comunicação geral-institucional – comunicação a ser realizada pela alta direção, preferencialmente em momento exclusivo programado para esse posicionamento. O foco é repassar informações importantes sobre a empresa, por exemplo, sua razão de existir, o que deseja alcançar no futuro e o que é esperado dos profissionais

---

[12] PRESTES; ROBERTI, 2021, p. 31.
[13] *Idem*, p. 31.

que compõem a instituição. Essa ação atribui notoriedade ao PE, reforçando a importância de todos no processo e a necessidade do cumprimento das ações planejadas;

- Comunicação Setorial – recomenda-se que seja definida uma forma única para que os líderes de áreas ou processos comuniquem aos seus liderados os objetivos, as metas específicas de um determinado grupo de pessoas, e que sejam estabelecidas as periodicidades de reuniões de apresentação de resultados e análises;
- Comunicação específica – compartilhamento direcionado aos públicos interno e externo, adaptada ao linguajar habitual das pessoas as quais se busca atingir.

Cabe ao condutor do PE e à alta gestão garantir que essa etapa seja realizada com todo o cuidado, por ser fator crucial para o sucesso do planejado.

EXECUÇÃO E ACOMPANHAMENTO

Muitos de nossos leitores já devem ter ouvido que não adianta ter uma ótima estratégia se ela não for executada de maneira assertiva. Esse é um ponto que vem comprometendo muitas execuções e fazendo com que profissionais desenvolvam a crença de que o PE é apenas mais um trabalho a ser realizado para cumprir exigências e que não resulta em melhorias organizacionais. De fato, "[...] a dificuldade de traduzir a estratégia de forma clara em todas as linhas hierárquicas é uma das principais barreiras para o adequado desdobramento da estratégia".[14]

Nesse sentido, é preciso ponderar que o PE é um processo contínuo que engloba a definição dos objetivos, os desdobramentos em ações e iniciativas estratégicas, a elaboração de planos de ação, a execução e a avaliação dos resultados. Isso posto, é fundamental que haja uma visão sistêmica dos atores envolvidos na condução do planejamento estratégico, capaz de integrar os processos de planejamento, execução e controle dentro da instituição de saúde.

O responsável ou a equipe condutora do PE precisa estabelecer a metodologia de execução e acompanhamento a ser utilizada. É oportuno destacar que o conjunto de ações definidas para o desdobramento da estratégia, que vai levar ao atingimento dos objetivos definidos, trata-se de

---

[14] PRESTES, A. Gestão Estratégica. *In*: CIRINO, J. A. F. *et al*. **Manual do Gestor Hospitalar**. v. 4. Brasília: Federação Brasileira de Hospitai, 2022. p. 34.

atividades que não são parte da rotina das equipes[15], por isso será preciso organização, disciplina e regras que promovam o efetivo desenvolvimento, para evitar o risco de caírem no esquecimento, diante de tantas demandas existentes nas organizações de saúde.

Para suporte no desenvolvimento de um método de trabalho adaptado à rotina organizacional, sugerimos que sejam considerados os seguintes pontos: quais ações serão executadas prioritariamente? Quem serão os responsáveis? Qual o prazo para a finalização?[16]

É necessário um monitoramento para que o PE seja executado de forma eficaz. É importante que haja avaliação dos resultados obtidos, bem como possíveis adaptações. A comunicação também é essencial, para que todos os envolvidos estejam cientes do andamento do projeto. Reuniões regulares são importantes para que todos fiquem atualizados quanto ao progresso e possam contribuir com sugestões para melhorar o desempenho.

Sugerimos que, ao definir a metodologia de acompanhamento da evolução das ações derivadas dos objetivos estratégicos, seja contemplada a fase da análise crítica dos indicadores estabelecidos, pois são os sinalizadores dos resultados. O estabelecimento de uma análise crítica bem estruturada, por meio de treinamentos, para que colaboradores compreendam o que precisa ser considerado na interpretação e no cruzamento de dados, subsidia e é fundamental para o desenvolvimento de pensamento lógico e estruturado das equipes participantes. São essas equipes que de fato executarão o PE e que precisam compreender os impactos e as necessidades de adaptações das atividades durante o percurso.

Estabelecer a prioridade é um dos primeiros passos, como referimos no início deste tópico. A prioridade se relaciona à importância de determinada tarefa em relação a todas as outras. Existem algumas ferramentas simples que podem ajudar nesse processo, como a matriz GUT, que classifica as ações considerando a gravidade (G), urgência (U) e tendência (T).

Uma matriz para acompanhamento dos planos de ação e um *dashboard* dos indicadores estabelecidos também são maneiras simples e eficazes para auxiliar o monitoramento. Quando a organização dispõe de sistemas informatizados que possam ser parametrizados para o acompanhamento da evolução das ações, alertas podem ser enviados aos responsáveis por

---

[15] *Idem.*
[16] PRESTES; ROBERTI, 2021.

iniciativas, ou planos específicos, sinalizando fatores críticos de atenção durante a execução. Também é possível organizar visualmente a inter-relação dos indicadores.

Sugerimos, por fim, a criação de relatórios periódicos de apresentação dos resultados do PE e avaliação conjunta às lideranças e alta gestão. Isso pode ser feito por meio de apresentações visuais em reuniões com pauta específica para essa finalidade, momento em que os responsáveis por iniciativas possam apresentar os resultados obtidos, as análises de indicadores e discussões possam ser realizadas com o foco de melhorar os resultados ou mantê-los positivos.

Para garantir a adesão e a consistência nas reuniões de avaliação, sugerimos a criação de um calendário fixo de reuniões, com dia e horário definido para o ano todo. Recomendamos ainda que sejam estabelecidos previamente, e sinalizados em cronograma, os momentos para a revisão global do plano (semestral/anual) visando ao reposicionamento ou à inclusão ou exclusão de ações.

O PE COMO PARTE DA ROTINA ORGANIZACIONAL

Vimos neste capítulo que o PE deve incluir a identificação e a análise de oportunidades e ameaças do mercado, a definição de objetivos e metas a serem alcançados, dos recursos necessários para cumprir os objetivos, bem como a avaliação dos resultados obtidos.

Compreendemos que, a partir do PE, é possível estabelecer um conjunto de ações específicas no intuito de alcançar os objetivos desejados. Essas ações devem estabelecer a temporalidade esperada de execução e devem ser detalhadas para que o plano seja executável.

Além disso, devem ser articuladas e monitoradas para garantir que sejam alcançados os resultados esperados. É importante que existam metas e indicadores para avaliar se a execução das ações está sendo efetiva.

O PE deve ser acompanhado por relatórios periódicos que apresentem o desempenho das ações para o cumprimento dos objetivos. Um dos fatores essenciais é a inclusão de todas as pessoas que compõem a organização, iniciando com a adequada comunicação da estratégia organizacional e o que é esperado de cada colaborador, uma vez que são eles os executores do que precisará ser implantado para a obtenção de resultados positivos.

O PE, quando bem implementado, desencadeia muitos benefícios à organização, das quais realçamos:

- melhora a eficiência operacional – o PE ajuda a identificar e alocar os recursos de maneira mais eficiente, permitindo que a empresa atinja seus objetivos com menos desperdícios;
- dá maior velocidade de reação – o PE ajuda na tomada de decisão, tornando a empresa mais ágil e capaz de se adaptar às mudanças do mercado com mais rapidez;
- motiva os colaboradores – com o conhecimento do PE da empresa, os colaboradores tentem a se sentir motivados a contribuir para o sucesso dos objetivos da organização;
- oportuniza o alinhamento entre as unidades – o PE proporciona a visão macroinstitucional, permitido que os colaboradores percebam a relação entre os setores, com maior clareza das interações existentes e minimização de ações redundantes.

Como último ponto, porém não menos importante, precisamos destacar que o desenho adequado do PE e uma implantação efetiva favorecem a tão almejada sustentabilidade organizacional.

REFERÊNCIAS

DUPONT, A. **Strategy and Structure, Chapters in the History of the Industrial Enterprise**. Cambridge: The MIT Press, 1962.

MINTZBERG, H. The fall and rise of strategic planning. **Harvard Business Review**, [S. l.], v. 72, n. 1, p. 107114, 1994.

PAIOTTI, A, J. Planejamento Estratégico. *In*: PRESTES, A. *et al*. **Manual do Gestor Hospitalar**. v. 2. Brasília: Federação Brasileira de Hospitais, 2020.

PRESTES, A. Gestão Estratégica. *In*: CIRINO, J. A. F. *et al*. **Manual do Gestor Hospitalar**. v. 4. Brasília: Federação Brasileira de Hospitais, 2022.

PRESTES, A.; ROBERTI, I. P. Por onde começar. *In*: CIRINO, J. A.; PRESTES, A.; LOLATO, G. (org.). **Estratégias para a Acreditação dos Serviços de Saúde**. Curitiba: Appris, 2021.

TZU, S. **A Arte da Guerra**. São Paulo: Novo Século, 2015.

CAPÍTULO 2

POLÍTICAS INSTITUCIONAIS COMO NORMAS INTERNAS

Gilvane Lolato

SOBRE O QUE VAMOS CONVERSAR

Neste capítulo vamos conversar sobre as políticas institucionais para compreendermos o assunto de forma sistêmica e transversal e sua aplicabilidade em uma organização de saúde. Vamos discutir a conexão das políticas com o PE e apresentar sua correlação também com a cadeia de valor e gestão por processos. Você terá oportunidade de conhecer as principais políticas para serviços de saúde, bem como o ciclo de vida delas, considerando desde a estruturação, redação, validação, declaração, implantação, implementação, gerenciamento até a revisão. Para fechar o capítulo com chave de ouro, abordamos a comunicação e a sensibilização em relação às políticas.

O QUE SÃO POLÍTICAS INSTITUCIONAIS?

As políticas institucionais, em sua definição básica[17], são diretrizes que definem os princípios da organização e orientam o comportamento das partes interessadas. Elas têm o objetivo de alcançar a visão estabelecida de acordo com os valores compartilhados e limites éticos. Por exemplo, ao pensarmos no âmbito externo, existem as políticas públicas governamentais que equilibram e regulamentam a atuação nesse segmento. Essas possuem foco em resultados sociais, excelência no atendimento à sociedade, responsabilidade social, atendimento às demandas da sociedade e valorização das pessoas. Essa abordagem também é possível no âmbito interno das estruturas institucionais.

Cada organização é única e tem suas próprias características, que devem ser levadas em conta na hora de se definir as políticas institucionais. Deve-se pensar, também, nos problemas e nas soluções rotineiras

---

[17] POLÍTICAS Institucionais. **Ministério Público do Estado do Piauí**, [2022]. Disponível em: https://www.mppi.mp.br/internet/politicas-institucionais. Acesso em: 10 nov. 2022.

com a implementação de tais políticas. Richard Hobart Buskirk[18] cita que as políticas possuem funções, como:

- uniformizar o comportamento da organização;
- dar continuidade às decisões;
- facilitar a tomada de decisão;
- oferecer proteção contra pressões imediatistas.

A Norma Orientadora 23[19] da Organização Nacional de Acreditação (ONA), Termos e Conceitos do Manual para Organizações Prestadoras dos Serviços de Saúde, versão 2022, trata das políticas como diretrizes gerais que expressam os parâmetros dentro dos quais as ações da instituição e de seus integrantes devem se desenvolver no cumprimento da missão para o alcance da visão. Devem ser coerentes com a ética e os valores institucionais.

Segundo a Diretoria de Governança e Desenvolvimento Institucional (DGDI)[20], políticas institucionais são documentos que estabelecem as diretrizes gerais consolidadas por áreas de atuação, que, por sua vez, orientarão as ações da organização e de suas partes interessadas, no alcance da visão. As políticas são baseadas na missão e nos valores da organização, conectadas à visão de futuro e associadas aos objetivos estratégicos, coerentes com o cenário interno e externo; além disso, são instrumento de comunicação e articulação.

COMO AS POLÍTICAS INSTITUCIONAIS PODEM REFLETIR A REALIDADE DA SUA ORGANIZAÇÃO?

Uma organização que possui diretrizes claras, consequentemente estruturará um PE consistente com base em tais critérios. As organizações agem mediante determinadas regras e valores considerados verdadeiros, aceitáveis e esperados. No momento da construção de suas estratégias, formatam diretrizes organizacionais que definem, de forma clara, o propósito de atuação para os ambientes interno e externo. O padrão de diretrizes organizacionais orienta o caminho a ser trilhado, por meio da definição

---

[18] BUSKIRK, R. H. **Business and Administrative Policy**: text, cases, incidents and readings. New York: Wiley, 1971.

[19] ORGANIZACAO NACIONAL DE ACREDITAÇÃO. **Manual das Organizações Prestadoras de Serviços de Saúde (OPSS) – Versão 2022**. Norma Orientadora 24, Termos e Conceitos. Brasília: ONA, 2022.

[20] POLÍTICAS Institucionais. **Diretoria de Governança e Desenvolvimento Institucional**, [2022]. Disponível em: https://www.dgdi.cefetmg.br/desenv-inst/gestao-estrategica/politicas-instit/. Acesso em: 10 nov. 2022.

da identidade organizacional, bem como da implantação de estratégias e metas organizacionais.

A definição e o apoio às políticas institucionais, o cumprimento das legislações e a tomada de decisão que promova a sustentabilidade da organização garantem o bom andamento da operação, bem como a satisfação do cliente e, consequentemente, a sustentabilidade financeira. Portanto, as diretrizes são um conjunto de práticas e ações que atua em todos os níveis da organização, considerando aspectos relativos à governança, a qual promove a responsabilidade corporativa e a forma de atuação da alta direção. Por isso, podemos afirmar que as políticas institucionais são sistêmicas e transversais.

A Fundação Nacional da Qualidade[21] estimula o desenvolvimento da visão sistêmica para a compreensão de uma grande rede conectada, em que os fatores internos e externos estão ligados a um sistema principal e afetam, influenciam e desencadeiam uma série de consequências que muitas vezes fogem ao nosso olhar. Uma organização é um sistema aberto. Sofre interferência de diversos fatores e ambientes que a cercam para garantir sua sobrevivência no mercado, evolução e aprendizagem, é preciso desenvolver esse olhar holístico da gestão correlacionada com as políticas institucionais.

As políticas de gestão, por sua vez, estão associadas às diretrizes e aos princípios que norteiam a gestão administrativa, base para a governança. O sucesso de sua implantação está diretamente relacionado à importância que a alta administração e as lideranças demonstram em relação ao cumprimento dos processos. Essas políticas não são apenas documentos burocráticos, mas, sim, um modo de melhorar constantemente e se manter fiel ao propósito da empresa.

Uma vez que são definidas, é necessário fazer com que elas sejam visualizadas na cadeia de valor e gestão por processos. Identificar os processos da organização e quais agregam valor para o usuário é o primeiro passo. O segundo é a equipe inserida em cada processo compreender que as diretrizes — ou seja, as políticas — são institucionais e levarão a organização como um todo para o alcance da visão e que os resultados de cada processo serão fundamentais para essa conquista. É provável que nesse momento você se aproxime de uma imagem como a que apresentamos a seguir.

---

[21] FUNDAÇÃO NACIONAL DA QUALIDADE GESTÃO PARA EXCELÊNCIA. **Pensamento Sistêmico**. [S. l.: s. n.], 2018. Disponível em: https://fnq.org.br/comunidade/wp-content/uploads/2018/12/n_27_pensamento_sistemico.pdf. Acesso em: 10 nov. 2022.

Imagem 1 – Macroprocesso

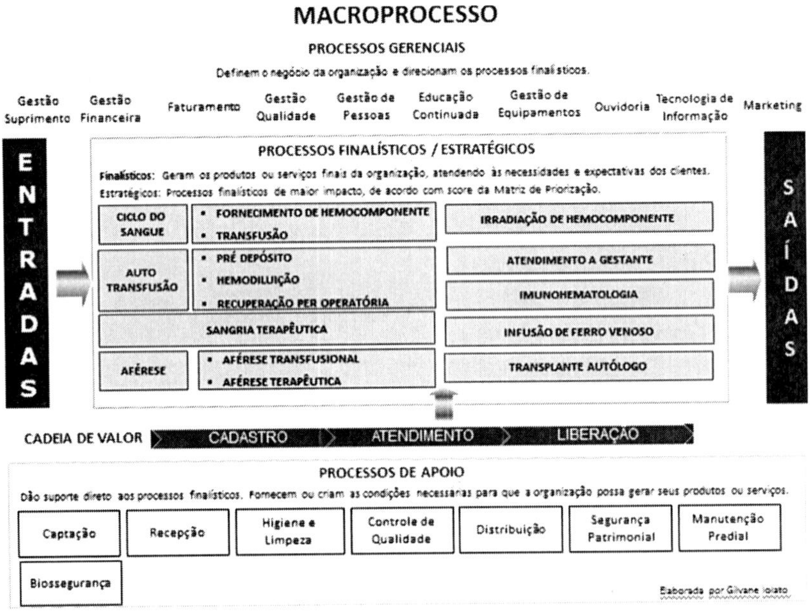

MACROPROCESSO

PROCESSOS GERENCIAIS
Definem o negócio da organização e direcionam os processos finalísticos.

| Gestão Suprimento | Gestão Financeira | Faturamento | Gestão Qualidade | Gestão de Pessoas | Educação Continuada | Gestão de Equipamentos | Ouvidoria | Tecnologia de Informação | Marketing |

ENTRADAS

PROCESSOS FINALÍSTICOS / ESTRATÉGICOS
Finalísticos: Geram os produtos ou serviços finais da organização, atendendo às necessidades e expectativas dos clientes.
Estratégicos: Processos finalísticos de maior impacto, de acordo com score da Matriz de Priorização.

CICLO DO SANGUE	• FORNECIMENTO DE HEMOCOMPONENTE • TRANSFUSÃO	IRRADIAÇÃO DE HEMOCOMPONENTE
AUTO TRANSFUSÃO	• PRÉ DEPÓSITO • HEMODILUIÇÃO • RECUPERAÇÃO PER OPERATÓRIA	ATENDIMENTO A GESTANTE
		IMUNOHEMATOLOGIA
	SANGRIA TERAPÊUTICA	INFUSÃO DE FERRO VENOSO
AFÉRESE	• AFÉRESE TRANSFUSIONAL • AFÉRESE TERAPÊUTICA	TRANSPLANTE AUTÓLOGO

SAÍDAS

CADEIA DE VALOR ▷ CADASTRO ▷ ATENDIMENTO ▷ LIBERAÇÃO

PROCESSOS DE APOIO
Dão suporte direto aos processos finalísticos. Fornecem ou criam as condições necessárias para que a organização possa gerar seus produtos ou serviços.

| Captação | Recepção | Higiene e Limpeza | Controle de Qualidade | Distribuição | Segurança Patrimonial | Manutenção Predial |

| Biossegurança |

Elaborada por Gilvane Lolato

Fonte: a autora do capítulo

Observe que na imagem estão contemplados os processos de gestão, finalísticos e de apoio. É possível também visualizar quais processos entregam algo para o usuário final, agregando valor na sua jornada junto à organização. Todas as políticas institucionais permearão esses processos. Algumas terão impacto direto e outras impacto indireto. Se tomarmos como exemplo a política de qualificação e avaliação de desempenho de fornecedores e prestadores de serviço, a maior parte dos processos terá alguma ação. A Gestão de Suprimentos geralmente é a responsável pela compra, pelo armazenamento, controle e pela distribuição dos insumos, que serão distribuídos nos processos finalísticos ligados ao atendimento seguro dos pacientes. Os insumos também estão nos processos de apoio que entregam algo para que o atendimento ao paciente aconteça de forma segura. Por último, os processos de gestão têm a responsabilidade de fazer com que esse insumo não falte, desse modo o atendimento é realizado em sua completude.

As lideranças de cada processo precisam ser desenvolvidas para ter a visão sistêmica e assim enxergar com clareza a missão e visão da organização. Contudo, a coordenação, a integração e o alinhamento entre as lideranças executivas e as lideranças intermediárias são essenciais para um modelo de gestão efetivo. Em paralelo, é crucial ter um grupo de profissionais liderados, capacitados e dedicados a gerenciar qualidade e segurança em cada um dos processos.

COMO IMPLANTAR AS POLÍTICAS INSTITUCIONAIS?

A primeira e mais importante ação é ter a estratégia definida. Uma vez estabelecida a identidade, definida claramente a visão, traçados os indicadores, objetivos e as ações em nível estratégico, o próximo passo é justamente desenvolver as Políticas Institucionais, ou seja, as diretrizes estratégicas.

Isso vai exigir que a organização realize uma análise do cenário interno e externo e, ao mesmo tempo, compreenda o contexto em que está inserida, bem como seu perfil de atendimento. Essas questões são cruciais, pois é necessário que as políticas reflitam as características da organização. A seguir, alguns exemplos:

- Política da Qualidade;
- Política de Consentimento Informado e Esclarecido;
- Política de Identificação do Paciente/Cliente;
- Política de Qualificação dos Fornecedores;
- Política de Segurança do Paciente;
- Política de Comunicação Institucional;
- Política de Gestão de Pessoas;
- Política de Gestão de Custos;
- Política de Gestão da Informação;
- Política de Gestão Ambiental.

Para a formalização da política, é importante contemplar minimamente:

- Objetivos;
- Valores;
- Diretrizes;
- Responsabilidades;
- Descrições;
- Monitoramento;
- Glossário;
- Referências.

Para exemplificar, a Política da Qualidade, no conceito estabelecido pela ONA[22], precisa definir diretrizes para monitorar e promover a melhoria contínua necessária ao desenvolvimento da instituição, adotar princípios para a tomada de decisões nas questões de qualidade, que prezem pela proatividade, pela rapidez e pela flexibilidade, bem como gerenciar os riscos relacionados às atividades do processo, com foco na prevenção de problemas e na segurança de pacientes, colaboradores e terceiros.

Ainda na mesma referência, outro exemplo é a Política da Segurança do Paciente, que, em seu conceito, traz a importância da elaboração de um documento que aponta situações de risco e descreve as estratégias e as ações definidas pelo serviço de saúde para a gestão de risco visando à prevenção e à mitigação dos incidentes, desde a admissão até a transferência, a alta ou o óbito do paciente no serviço de saúde. Dessa forma, a Política da Segurança do Paciente tem foco na melhoria contínua dos processos de cuidado e do uso de tecnologias da saúde, dissemina a sistemática da cultura de segurança, articulação e integração dos processos de gestão de risco e na garantia das boas práticas de funcionamento do serviço de saúde.

As Políticas Institucionais fazem parte da gestão de documentos da organização. Na gestão de documentos, tema abordado em um dos capítulos deste livro, demonstramos seu ciclo de vida.

Imagem 2 – Ciclo de vida da gestão de documentos

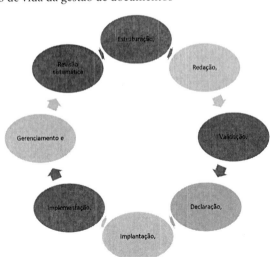

Fonte: a autora do capítulo

---
[22] ORGANIZACAO NACIONAL DE ACREDITAÇÃO, 2022.

Posteriormente à estruturação das políticas, é importante ter uma estratégia de desenvolvimento da equipe, assim como um bom plano de comunicação e monitoramento dos resultados.

COMO DESENVOLVER A EQUIPE, COMUNICAR E MONITORAR AS POLÍTICAS INSTITUCIONAIS?

Uma equipe engajada e comprometida é fator crítico de sucesso na implantação das Políticas Institucionais. Uma equipe bem formada conduz bem o trabalho, obtém bons resultados e leva ao crescimento das pessoas envolvidas. Permite a soma de conhecimentos e habilidades de seus membros na busca das causas e soluções permanentes para os problemas. Facilita a criatividade e o trabalho de tomada de decisão para obtenção de resultados positivos, bem como a disseminação de informações e a troca de experiência entre as pessoas.

A organização pode estabelecer um plano de capacitação e desenvolvimento da equipe em relação às políticas. Algumas fases são importantes para que esse plano seja efetivo, conforme demonstrado a seguir.

Imagem 3 – Fases para capacitação

O que capacitar?	Quando capacitar?	Como capacitar?
Correlação das Políticas Institucionais com o PE. As políticas da organização de acordo com seu contexto e suas características. Associação das políticas ao processo e à cadeia de valor. O impacto das políticas na organização.	De forma periódica. Por demanda.	Definir método de capacitação de acordo com as necessidades da organização. Avaliar a efetividade dos treinamentos. Avaliar a adesão às Políticas Institucionais.

Fonte: a autora do capítulo

A forma de comunicação é outra ação importante para ser planejada. Canais de comunicação são os métodos utilizados pelas organizações para entrar em contato com o público-alvo a fim de divulgar seu serviço ou acompanhar um processo de venda e até solicitar feedback para o cliente.

No caso das Políticas Institucionais, é necessário identificar todas as partes interessadas da organização e definir a estratégia de comunicação para cada parte interessada, qual canal de comunicação será utilizado e a forma de monitoramento.

O paciente-cliente é uma das partes interessadas, e é importante manter contato próximo, pois, é a partir dele, que observamos o impacto das políticas no atendimento final. Em paralelo, teremos a oportunidade de estabelecer uma relação de confiança com o usuário, aprimorar o relacionamento entre organização e cliente, realizar pesquisas de satisfação e definir os pontos positivos e negativos para definição de melhorias.

A estruturação da comunicação perpassa por algumas etapas, conforme a seguir.

Imagem 4 – Fases para comunicação

```
Definição de um método → Planejamento → Execução → Escuta das partes interessadas → Registro das manifestações → Analise e tratativa das manifestações → Melhorias a partir das manifestações → (volta para Definição de um método)
```

Fonte: a autora do capítulo

Uma vez que a equipe foi capacitada e as Políticas Institucionais foram comunicadas, o monitoramento se torna parte essencial para estruturação de ações e ciclos de melhorias.

Para o monitoramento, é importante definir o método, que pode variar de acordo com as políticas e o objetivo, por exemplo: auditorias, indicadores, experiência das partes interessadas, pesquisas de satisfação, entre outros. Vale lembrar que, para avaliar se o desempenho de uma política está favorável ou não, os resultados são cruciais. Com eles é possível detectar e mitigar problemas, bem como estabelecer metas para melhoria contínua. Essa ocorre quando aprendemos como combinar, de forma criativa, o conhecimento específico e a ciência da melhoria para desenvolver ideias efetivas de mudanças. A melhoria resulta da aplicação de conhecimento.

A seguir alguns exemplos de como podemos monitorar as Políticas Institucionais.

Tabela 1 – Parametrização para monitoramento das Políticas Institucionais

Nome da Política	Objetivo	Método	Periodicidade
Política de Gestão da Qualidade	1. Avaliar a adesão ao padrão estabelecido nos processos	1. Auditoria por meio de um checklist preestabelecido	1. Anual
	2. Avaliar a adesão aos acordos estabelecidos nos processos	2. Por meio do registro das notificações relacionadas às quebras dos acordos	2. Mensal
Política de Segurança do Paciente	1. Avaliar a adesão às medidas preventivas dos Protocolos de Segurança	1. Auditoria por meio de um checklist preestabelecido por protocolo	1. Um protocolo a cada trimestre
	2. Avaliar o desfecho dos protocolos de segurança	2. Através do Indicador Taxa de eventos adversos	3. Mensal com investigação individual de acordo com o fluxo estabelecido
Política de qualificação e avaliação de desempenho dos fornecedores e prestadores de serviços	1. Avaliar a adesão aos critérios estabelecidos na Política	1. Indicadores: Percentual de fornecedores e prestadores de serviço qualificados diante dos selecionados. Percentual de fornecedores e prestadores de serviço com adesão aos critérios de desempenho	1. Mensal

Fonte: a autora do capítulo

A adesão às Políticas Institucionais é um padrão que deve ser desejado e buscado por todas as partes interessadas em uma instituição. Só é possível alcançar este padrão, quando houver um esforço global e um empenho individual.

IMPORTANTE!

Neste capítulo você teve a oportunidade de compreender:

- conceitos para Políticas Institucionais;
- que as Políticas Institucionais são sistêmicas e transversais;
- que as Políticas são diretrizes para o alcance da visão;
- que o resultado dos processos tem impacto direto na adesão às diretrizes que, por sua vez, têm correlação direta com o alcance da estratégia da organização;
- quais políticas podem ser estruturadas em sua organização;
- o ciclo de vida das Políticas Institucionais;
- a importância da capacitação da equipe em relação as Políticas;
- a comunicação das Políticas para as partes interessadas;
- o monitoramento das Políticas.

Com essas informações, é possível elaborar um plano para implantação das Políticas Institucionais com prioridades de acordo com o contexto, a realidade e o perfil de atendimento da sua organização.

Mãos à obra e sucesso na jornada de implantação das Políticas Institucionais!

REFERÊNCIAS

BUSKIRK, R. H. **Business and Administrative Policy**: text, cases, incidents and readings. New York: Wiley, 1971.

FUNDAÇÃO NACIONAL DA QUALIDADE GESTÃO PARA EXCELÊNCIA. **Pensamento Sistêmico**. [S.l.: s. n.], 2018. Disponível em: https://fnq.org.br/comunidade/wp-content/uploads/2018/12/n_27_pensamento_sistemico.pdf. Acesso em: 10 nov. 2022.

ORGANIZACAO NACIONAL DE ACREDITAÇÃO. **Manual das Organizações Prestadoras de Serviços de Saúde (OPSS) – Versão 2022**. Norma Orientadora 24, Termos e Conceitos. São Paulo: ONA, 2022.

POLÍTICAS Institucionais. **Diretoria de Governança e Desenvolvimento Institucional**, [2022]. Disponível em: https://www.dgdi.cefetmg.br/desenv-inst/gestao-estrategica/politicas-instit/. Acesso em: 10 nov. 2022.

POLÍTICAS Institucionais. **Ministério Público do Estado do Piauí**, [2022]. Disponível em: https://www.mppi.mp.br/internet/politicas-institucionais. Acesso em: 10 nov. 2022.

CAPÍTULO 3

CAMINHOS PARA A ESTRUTURAÇÃO DE PROTOCOLOS

Gilvane Lolato

SOBRE O QUE VAMOS CONVERSAR

Neste capítulo vamos abordar pontos cruciais para a estruturação de protocolos; um deles é o alinhamento ao perfil dos pacientes. Vamos compreender a diferença entre protocolos clínicos, de segurança e clínicos gerenciados e, também, como estruturá-los. Demonstraremos o monitoramento e o gerenciamento de protocolos, bem como apresentaremos o caminho para identificação de melhorias a partir desses resultados. Você ainda terá a oportunidade de conhecer alguns modelos que podem auxiliar sua jornada.

OS PROTOCOLOS E O PERFIL DOS PACIENTES

O Ministério da Saúde[23] define protocolos como documentos que estabelecem critérios para o diagnóstico da doença, ou do agravo à saúde, o tratamento preconizado, com os medicamentos e demais produtos apropriados, quando couber, e as posologias recomendadas. Além disso, contemplam os mecanismos de controle clínico, além do acompanhamento e da verificação dos resultados terapêuticos a serem seguidos pelas equipes. Os protocolos devem ser baseados em evidência científica e considerar critérios de eficácia, segurança, efetividade e custo-efetividade das tecnologias recomendadas.

Outra questão é que eles orientam as linhas de cuidado, que têm como fator crítico de sucesso o conhecimento do perfil dos pacientes.

Antes de explanar sobre o perfil dos pacientes, vamos falar do perfil institucional, que é uma apresentação resumida da organização. Nesse momento é importante evidenciar aspectos relevantes que geram valor agregado aos pacientes, ter uma visão global da organização, do seu negócio ou ramo de atuação e seus principais desafios. Ou seja, gerar informações sobre o relacionamento da organização com suas partes interessadas. Apresentar

---

[23] PROTOCOLOS Clínicos e Diretrizes Terapêuticas. **Ministério da Saúde**, [2022]. Disponível em: https://www.gov.br/saude/pt-br/assuntos/saude-de-a-a-z/p/pcdt. Acesso em: 15 out. 2022.

questões sobre porte, força de trabalho, cliente e mercado, fornecedores, sociedade, ambiente competitivo, desafios estratégicos, governança, tempo de existência, natureza das atividades, bem como o perfil epidemiológico. Tudo isso pode ser apresentado em forma de texto e complementado por figuras, gráficos ou tabelas.

Para compreendermos o perfil epidemiológico, é importante que façamos uma reflexão sobre a epidemiologia[24]. Trata-se da ciência que estuda a distribuição e os determinantes dos problemas de saúde em populações humanas. É a ciência básica para a saúde coletiva.

Dessa forma, o perfil epidemiológico fornece uma visão abrangente e imparcial das necessidades da população atendida. Inclui as tendências e mudanças no ambiente, além de informações demográficas, como idade, diversidade cultural, alfabetização e linguagem; o número de atendimentos, frequência do diagnóstico, score, ocupação, permanência e giro; o impacto dos determinantes da saúde, como condições de habitação e nível socioeconômico; as taxas de fatores de risco, como tabagismo e sobrepeso/obesidade, e comentários dos clientes e da comunidade sobre suas necessidades de saúde.

O perfil epidemiológico direcionará as estratégias assistenciais, pois ajudará a entender e encontrar respostas para as seguintes perguntas:

- Quem é o paciente a ser atendido?
- Sob qual circunstância ele chega ao hospital?
- Com que gravidade?
- Qual a tendência de evolução de sua doença?
- Motivos da sua doença?
- Motivos da sua piora clínica ou óbito?

Algumas fontes de informação podem ajudar na estruturação do perfil epidemiológico, como a admissão dos pacientes realizada pela equipe de assistente social, o prontuário, as comissões, como a de prontuário, controle de infecção, sistemas, pesquisas, e outras fontes que a organização tiver disponível.

---

[24] ROUQUAYROL, M. Z.; SILVA, M. G. C. da. **Rouquayrol**: epidemiologia & saúde. 8. ed. Rio de Janeiro: Medbook, 2018.

PROTOCOLOS CLÍNICOS, DE SEGURANÇA E GERENCIADOS: O QUE OS DIFERE?

Os protocolos clínicos[25] são recomendações desenvolvidas para prestar o cuidado apropriado em relação a atividades do processo de uma condição de saúde em um ponto de atenção determinado. São formalizados em estruturas de documentos com ações voltadas a promoção, prevenção, tratamento, reabilitação ou paliação, em que os processos são definidos com maior precisão e menor variabilidade.

O objetivo dos protocolos clínicos é, por meio de uma linguagem clara, fornecer suporte à decisão e manejo clínico, apresentar as responsabilidades das equipes e melhorar a qualidade do atendimento em busca da efetividade clínica.

Os protocolos clínicos são a base para a tomada de decisão dos profissionais, estimulando a aprendizagem contínua. Promovem uma comunicação e relação efetiva entre profissionais e pacientes, controlam a variabilidade do atendimento em saúde tendo como referência as evidências científicas e reduzem a complexidade do sistema de saúde.

Reconhecer que os riscos fazem parte dos processos organizacionais e assistenciais é o primeiro passo para falar dos protocolos de segurança. Uma vez que alcançamos essa compreensão, a fim de promover uma assistência segura[26], teremos condições de identificar os riscos, avaliar as condições das estruturas e processos e, por fim, instituir barreiras para minimizar ou eliminar os riscos e evitar o impacto nos pacientes. Dessa forma, também desenvolvemos o olhar preventivo com a implementação de boas práticas para reduzir o risco de dano ao paciente.

A partir disso[27], os protocolos de segurança devem ser estruturados e disseminados para todas as partes interessadas da organização. Eles devem ser claros, objetivos, flexíveis, confiáveis, de fácil leitura. Além disso, devem ser sistêmicos, transversais e promover a melhoria da comunicação, interação entre as equipes e uma prática assistencial segura.

O Programa Nacional de Segurança do Paciente (PNSP), instituído por meio da Portaria GM/MS n.º 529, de 1º de abril de 2013, tem como foco as boas práticas, a gestão de riscos e a segurança do paciente. Já a

---

[25] MENDES, E. V. **As redes de atenção à saúde**. Brasília: Organização Pan-Americana da Saúde, 2011.
[26] AGÊNCIA NACIONAL DE VIGILÂNCIA SANITÁRIA. **Assistência segura**: uma reflexão teórica aplicada à prática. Brasília: Anvisa, 2017.
[27] Idem.

Resolução da Diretoria Colegiada (RDC) n.º 36, de 25 de julho de 2013, estabelece a obrigatoriedade da implantação do Núcleo de Segurança do Paciente (NSP), que tem um papel fundamental na implantação do Plano de Segurança do Paciente (PSP).

A Joint Commission International[28] (JCI) nos traz a referência das Metas Internacionais de Segurança do Paciente como um dos caminhos para a estruturação da segurança do paciente nas organizações de saúde.

Os protocolos de segurança do paciente devem ser adotados pelos serviços de saúde para melhorar a segurança. Podemos considerar minimamente:

- a identificação do paciente;
- a higiene das mãos;
- a segurança cirúrgica;
- a segurança na prescrição, no uso e na administração de medicamentos;
- a prevenção de quedas dos pacientes;
- a prevenção de lesão por pressão.

Os protocolos clínicos gerenciados, por sua vez, são escolhidos pelas instituições para o monitoramento por meio de indicadores de acompanhamento. Eles têm como objetivo apresentar a qualidade da assistência, compreender os eventos adversos, identificar as melhorias e complicações preveníeis e trazer transparência para as organizações.

COMO ESTRUTURAR E IMPLEMENTAR OS PROTOCOLOS?

Algumas etapas são necessárias para a estruturação dos protocolos[29]. São sugestões com base em boas práticas.

---

[28] PATIENT safety goals created. **Joint Commission Perspectives**, [S. l.], v. 26, n. 2, p. 8, 2006.
[29] BRASIL. Ministério da Saúde. Secretaria de Atenção à Saúde. **Protocolos clínicos e diretrizes terapêuticas**: volume 3. Brasília: Ministério da Saúde, 2014.

Figura 1 – Etapas para implantação dos protocolos

Fonte: a autora do capítulo

Vamos perpassar por cada uma delas para que possamos compreender melhor.

- Levantamento do perfil epidemiológico: neste capítulo você já teve oportunidade de compreendê-lo, bem como o que o compõe.
- Avaliação da prevalência, da gravidade e do custo:
  * Prevalência – número de casos conforme avaliação dos atendimentos da instituição;
  * Gravidade – gravidade da patologia quando não manejada adequadamente;
  * Custo – variado em relação ao atendimento.
- Definição da equipe multidisciplinar: o engajamento da equipe multidisciplinar fortalecerá não somente a identificação dos gargalos, mas também a posterior adesão ao protocolo.

- Estruturação dos fluxos dos pacientes por todos os processos: identificação de quais atividades são executadas, como estão padronizadas e quem é responsável por elas.

- Identificação dos gargalos no fluxo dos pacientes: registro dos gargalos, de problemas atuais, falta de alguma atividade, falhas, demora no atendimento, entre outros.

- Levantamento de evidências nas literaturas nacional e internacional: revisões sistemáticas da literatura.

- Descrição do protocolo:
  * Introdução – expõe as condições de saúde, o que pode afetar essa condição, os motivos da utilização do protocolo;
  * Objetivo – são os objetivos do protocolo de forma clara e objetiva;
  * Metodologia – critérios de inclusão e exclusão, tipo de exposição, evidências nas literaturas nacional e internacional, medidas preventivas, tarefas e responsáveis;
  * Monitoramento – desfecho, indicadores, marcadores, coleta e análise dos dados e gerenciamento dos dados;
  * Referências – documentos e literaturas em que o protocolo foi baseado.

- Avaliação do protocolo: a avaliação consiste na revisão de todo o trabalho executado. As partes interessadas e necessárias foram envolvidas na elaboração do protocolo? O perfil de pacientes, critérios de inclusão e exclusão estão claros no protocolo? As responsabilidades são de fácil entendimento? A busca por evidências foi consistente? Os benefícios, efeitos colaterais e riscos à saúde foram considerados? O protocolo possui clareza em sua apresentação? É aplicável?

- Validação do protocolo: a validação pode ser realizada por meio de um projeto piloto com aplicação do protocolo em um processo e alguns pacientes. A coleta de dados é crucial para análise e finalização da validação, pois servirá para a identificação de ajustes necessários no protocolo antes da implementação.

- Publicação e comunicação do protocolo: identificar todas as partes interessadas, estratégias de comunicação e publicação, canais para comunicação e publicação e monitoramento do recebimento e compreensão da informação.

- Capacitação das equipes: estruturar um plano de capacitação e desenvolvimento das equipes em relação ao protocolo, avaliar a efetividade dos treinamentos, por meio de dados que possam ser coletados, conforme padrão estabelecido no protocolo.
- Revisão: os protocolos precisam ser revisados periodicamente de acordo com a gestão de documentos da instituição e atualizações de literatura que demonstrem a obsolescência da prática utilizada, bem como a avaliação dos resultados de efetividade.

COMO MONITORAR E GERENCIAR OS PROTOCOLOS?

Para monitorar os protocolos, recomendamos alguns indicadores. Eles podem medir aspectos qualitativos e quantitativos relacionados à estrutura, ao processo e ao resultado.

- Indicadores de estrutura representam condições físicas, organizacionais, de recursos e outras que você identifique em sua organização.
- Indicadores de processo correspondem ao conjunto de atividades de um processo demonstrado do início ao fim.
- Indicadores de resultados versam sobre mudanças verificadas no estado de saúde dos pacientes incluídos nos protocolos.

A seguir você tem alguns exemplos genéricos que podem ser adaptados para alguns protocolos de acordo com suas características:

- Indicador de estrutura – número de exames realizados;
- Indicador de processo – tempo para realização dos exames;
- Indicador de resultado – taxa de mortalidade.

Além dos indicadores de estrutura, processo e resultado, pode-se monitorar a efetividade dos protocolos, ou seja, o impacto e as consequências nos produtos/serviços. Fazer a coisa certa da maneira certa.

Os indicadores precisam ter especificidade, simplicidade, objetividade, sensibilidade, baixo custo e serem ajustados ao risco. Dentro do possível, é importante definir metas mensuráveis, atingíveis, realizáveis para os indicadores dos protocolos, com base em evidências científicas, no contexto e na realidade da organização.

Além dos indicadores, a auditoria clínica[30] é fundamental para avaliação dos protocolos. Não é apenas um exercício de coleta de dados, mas sim a medição do atendimento e os resultados do paciente em relação a critérios dos protocolos. A expectativa é que a prática seja sempre aprimorada na busca da melhor aplicação de recursos, visando evitar ou corrigir desperdícios, irregularidades, negligências e omissões. Para a realização de uma auditoria consistente, sugere-se a execução das seguintes etapas minimamente:

- Seleção de um protocolo;
- Determinação de uma amostragem;
- Preparação do instrumento para realização da auditoria;
- Coleta dos dados;
- Análise dos dados de acordo com o padrão estabelecido no protocolo;
- Realização de feedback dos resultados;
- Implantação das mudanças necessárias.

Diante dos resultados dos indicadores e auditorias, é possível realizar análises sistemáticas para identificação de oportunidades de melhorias. Se os resultados estão fora da meta estabelecida, a ação será corretiva; estando os resultados dentro da meta, mas com tendência desfavorável, a ação será preventiva; se os resultados se apresentarem dentro da meta e com tendência favorável, é o momento de identificar oportunidades de melhoria.

MÃOS À OBRA

Você perpassou pelos seguintes pontos:

- Conceitos sobre protocolos;
- Alinhamento dos protocolos ao perfil dos pacientes;
- Diferença entre protocolos clínicos, de segurança e gerenciados;
- Passo a passo para estruturar um protocolo;
- Capacitação da equipe;

---

[30] NATIONAL INSTITUTE FOR CLINICAL EXCELLENCE. **Principles for Best Practice in Clinical Audit**. London: WC2N 5HR, 2002.

- Publicação e comunicação dos protocolos;
- Monitoramento dos protocolos;
- Identificação de melhorias a partir dos resultados dos protocolos.

Agora você tem todas as informações para elaborar um plano de trabalho para implantação dos protocolos em sua organização. Estruture o plano e priorize de acordo com o perfil de pacientes e riscos dos processos. Mãos à obra!

REFERÊNCIAS

AGÊNCIA NACIONAL DE VIGILÂNCIA SANITÁRIA. **Assistência segura**: uma reflexão teórica aplicada à prática. Brasília: Anvisa, 2017.

BRASIL. Ministério da Saúde. Secretaria de Atenção à Saúde. **Protocolos clínicos e diretrizes terapêuticas**: volume 3. Brasília: Ministério da Saúde, 2014.

PATIENT Safety Goals Created. **Joint Commission Perspectives**, [S. l.], v. 26, n. 2, p. 8, 2006.

MENDES, E. V. **As redes de atenção à saúde**. Brasília: Organização Pan-Americana da Saúde, 2011.

MINISTÉRIO DA SAÚDE; FUNDAÇÃO OSWALDO CRUZ; AGÊNCIA NACIONAL DE VIGILÂNCIA SANITÁRIA. **Protocolo de Identificação do Paciente**. Protocolo integrante do Programa Nacional de Segurança do Paciente. Brasília: [s. n.]. Disponível em: https://proqualis.net/sites/proqualis.net/files/Protocolo%20de%20Identifica%C3%A7%C3%A3o%20do%20Paciente.pdf. Acesso em: 15 out. 2022.

NATIONAL INSTITUTE FOR CLINICAL EXCELLENCE. **Principles for Best Practice in Clinical Audit**. London: WC2N 5HR, 2002.

PROTOCOLOS Clínicos e Diretrizes Terapêuticas. **Ministério da Saúde**, [2022]. Disponível em: https://www.gov.br/saude/pt-br/assuntos/saude-de-a-a-z/p/pcdt. Acesso em: 15 out. 2022.

ROUQUAYROL, M. Z.; SILVA, M. G. C. da. **Rouquayrol**: epidemiologia & saúde. 8. ed. Rio de Janeiro: Medbook, 2018.

CAPÍTULO 4

MEDINDO E MELHORANDO OS RESULTADOS

Andréa Prestes

SOBRE O QUE VAMOS CONVERSAR

Neste capítulo falaremos sobre o que é gestão por resultados. Quais são seus benefícios e como pode ser implementada. Trataremos da criação dos indicadores e da análise crítica dos resultados, como suporte para a tomada de decisão e identificação das oportunidades de melhorias.

DE ONDE VÊM OS RESULTADOS ORGANIZACIONAIS?

Todas as decisões que tomamos e ações que executamos no dia a dia têm um impacto em nosso futuro. O caminho que escolhemos para ir ao trabalho pode acarretar maior ou menor tempo no trânsito, a comida que escolhemos pode ocasionar maior ou menor consumo calórico, o filme que assistimos em detrimento do livro. Esses são alguns exemplos simples para referir que até as pequenas coisas dia a dia, que precisamos escolher, por vezes sem racionalizar, são parte dos resultados que teremos em nossa vida pessoal. No âmbito organizacional. não é diferente.

Os resultados vêm de um conjunto de fatores, incluindo o PE, o comprometimento e a habilidade dos colaboradores, o uso de tecnologias, a capacidade de inovar e a liderança forte. De forma ampliada, são as decisões certeiras dos líderes das organizações de saúde que conduzem aos melhores resultados. A atuação desses profissionais envolve, prioritariamente, a capacidade de gerir os recursos disponíveis de forma otimizada, com o apoio de pilares, como planejamento, organização, liderança e controle.

Esse gerenciamento perpassa pela definição de estratégias e metas, bem como pela implementação de planos para alcançar os objetivos. Inclui também o monitoramento de processos e a avaliação de resultados, sem desconsiderar a identificação, a análise e a gestão de riscos, bem como a identificação e o aproveitamento de oportunidades. Contempla, ainda, a definição de políticas e procedimentos, a comunicação organizacional, o treinamento e o desenvolvimento de pessoas.

É nesse interim que a Gestão por Resultados é um importante apoio aos profissionais da administração, aos líderes e gestores das equipes multiprofissionais nas organizações de saúde. Foi Peter Drucker, considerado o pai da administração moderna, que apresentou, na década de 1950, o tema "gestão por objetivos" em seu livro *The Practice of Management*.[31] A Gestão por Objetivos, ou Gestão por Resultados, compreende o estabelecimento de objetivos organizacionais específicos a partir dos quais devem ser estabelecidas linhas de ação e a forma como cada colaborador atuará para o atingimento dos resultados esperados, com metas individuais sincronizadas às metas da instituição de saúde.

Essa gestão propõe um método de trabalho racional, para a promoção de esforços intencionais e decisões sustentadas em informações, capazes de resultar no desempenho esperado.

BENEFÍCIOS DA GESTÃO COM FOCO EM RESULTADOS

São muitos os benefícios que a implementação efetiva da Gestão por Resultados pode ofertar para as organizações de saúde. De forma geral, ela oportuniza maior clareza e objetividade nas ações a serem realizadas no dia a dia de trabalho de todas as pessoas que compõem a instituição. Por ser um método que intenciona todas as ações para o atingimento de resultados específicos, exige que os objetivos da empresa sejam definidos de forma clara e exequíveis, para que sejam alcançados em um determinado tempo.

A seguir apresentamos o que entendemos serem os principais benefícios da Gestão por Resultados.

Direção: com a definição de objetivos claros e metas conhecidas, é possível atribuir senso de direção para as ações executadas por todos da organização na rotina de trabalho. Esse ponto é crucial, normalmente associado à criação e à divulgação da estratégia organizacional. "Considerando a famosa frase do filósofo Sêneca, de que 'não existe vento favorável para quem não sabe onde deseja ir', possuir uma estratégia organizacional clara é o primeiro passo para o sucesso da empresa".[32]

Evolução: com o monitoramento dos objetivos e das metas, é possível acompanhar a evolução das ações por meio de indicadores bem estruturados, para saber o quanto a organização conseguiu

---

[31] DRUCKER, P. **The Practice of Management**. New York Harper, 1954; London: Heinemann, 1955; Oxford: Butterworth-Heinemann, 2007.

[32] PRESTES, A. Gestão Estratégica. *In*: CIRINO, J. A. F. *et al*. **Manual do Gestor Hospitalar**. v. 4. Brasília: Federação Brasileira de Hospitais, 2022. p. 30.

se movimentar em direção aos seus objetivos e quais resultados já alcançou.

Decisão: por meio da avaliação dos indicadores estabelecidos para medir o desempenho da organização em relação ao alcance dos seus objetivos, com análises críticas bem estruturadas e fundamentadas, é possível decidir quais ações serão tomadas para corrigir possíveis desvios ou, ainda, incrementar planos já em curso. A empresa consegue tomar decisões mais seguras e efetivas.

Melhorias: saber o que precisa ser feito e reposicionar as ações para a promoção de melhorias nos processos para que desencadeiem melhores resultados é um dos principais benefícios da Gestão por Resultados. Com esforços direcionados às adequações pontuais ou sistêmicas, baseadas nas avaliações, é possível promover mudanças positivas importantes a fim de atingir os objetivos planejados pela instituição.

Figura 1 – Benefícios da Gestão por Resultados

Fonte: a autora do capítulo

Esses são alguns exemplos dos benefícios da Gestão por Resultados para as instituições de saúde, contudo existem muitos outros pontos positivos que o desenvolvimento de uma cultura organizacional voltada ao resultado pode ocasionar.

PASSOS PARA IMPLANTAR A GESTÃO POR RESULTADOS

Partindo do princípio de que todas as ações e decisões institucionais de hoje impactarão diretamente os resultados de amanhã, é recomendado inicialmente uma apropriação de conhecimentos que envolve a metodologia de gestão com foco em resultados, para que ela possa de fato contribuir para a sustentabilidade organizacional.

Para implantar a Gestão por Resultados, é necessário identificar as principais variáveis que podem influenciar as entregas, definir as metas e monitorar o desempenho, para que medidas corretivas sejam tomadas quando necessário. Toda a cadeia de valor organizacional passa a ser fonte de medição; processos eficazes de controle e avaliação são implantados para que o foco não seja perdido e os resultados desejados sejam alcançados.

Isso posto, apresentamos alguns tópicos que precisam ser compreendidos pelas lideranças e pela alta gestão da instituição no desenvolvimento da implementação das atividades.

Figura 2 – Pontos de atenção na implantação da Gestão por Resultados

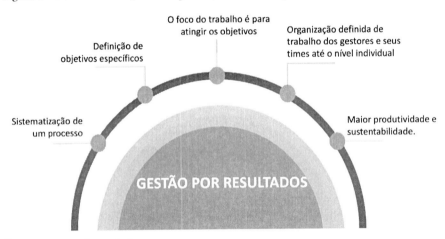

Fonte: a autora do capítulo

O primeiro entendimento é que precisa haver um trabalho sistematizado que defina objetivos específicos claros, com foco em direcionar as atividades de todos os colaboradores da instituição, com estabelecimento de metas para processos, times até chegar ao âmbito individual. Garantir a produtividade e a qualidade passa a ser métrica para os bons resultados das instituições de saúde.

Apresentamos a seguir a sistematização macro para nortear os trabalhos.

Figura 3 – Passos para a implementação

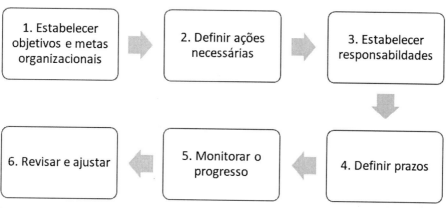

Fonte: a autora do capítulo

A figura relaciona seis passos importantes que podem ajudar na implantação dos trabalhos:

1. **Estabelecer objetivos e metas organizacionais** – objetivos e metas claras, desafiadoras e alcançáveis, de curto, médio e longo prazo, precisam ser definidos a nível macro-organizacional. Eles serão a base para as demais ações;

2. **Definir ações** – identificar e definir as ações necessárias para alcançar cada objetivo e meta compõe o passo seguinte. Trata-se da compreensão de cada objetivo e do desdobramento em planos de ação para a obtenção do resultado;

3. **Estabelecer responsabilidades** – para cada plano de ação, ou, ação, deve ser atribuído um profissional responsável, capaz de assegurar o cumprimento das metas estabelecidas. É aconselhável que seja eleito apenas um profissional por cada ação ou plano, ainda que esse necessite reunir equipes ou buscar respostas em outros processos para a execução do planejado;

4. **Definir prazos** – prazos realistas e factíveis devem ser estabelecidos para a conclusão de cada ação e etapa do plano;

5. **Monitorar o progresso** – são fundamentais o acompanhamento e a avaliação regular do progresso dos planos de ação para garantir que as metas sejam alcançadas de acordo com o cronograma;

6. **Revisar e ajustar** – é nessa etapa que ocorre o início da transformação daquilo que não está acontecendo conforme o esperado e que surgem as propostas de melhorias e os ajustes nos processos são executados.

A BASE PARA A MEDIÇÃO DE RESULTADOS

Toda evidência de resultados perpassa um sistema de medição. É preciso um sistema que monitore o desempenho do que foi planejado. Esse monitoramento é um processo de avaliação continuada para medir e comparar os resultados com as metas estabelecidas. Ele avalia os desvios entre os resultados esperados e os obtidos. É por meio desse processo estruturado de medições que será possível fornecer informações para o gerenciamento e a tomada de decisões acertadas.

Para a medição dos resultados, é fator chave o estabelecimento de indicadores que permitam o acompanhamento. Esses são compostos por métricas, ou medidas, que podem ser usadas para monitorar o desempenho de uma empresa, projeto ou processo. Indicadores são pontos de referência constituídos por diversos dados, números, medidas ou informações, utilizados nessas avaliações para estimular a tomada de decisão, identificar tendências e realizar comparativos. Eles permitem avaliar a diferença existente entre a situação atual (resultado) em comparação com a situação desejada (meta).

Segundo Donabedian[33], os indicadores podem ser de estrutura, de processos e de resultados. Os indicadores de estrutura incluem condições físicas, humanas e organizacionais. Os de processos monitoram como o cuidado é executado, como as tarefas são realizadas e acompanham o desempenho com o foco em atingir os objetivos determinados. Os indicadores de resultados estão relacionados com a entrega realizada, a assistência prestada e os resultados atingidos.

---

[33] DONABEDIAN, A. **The Definition of Quality and Approaches to its Assessment**. Ann Arbor: Health Administration Press, 1980.

CONSTRUINDO INDICADORES

A construção de indicadores pressupõe uma lógica de pensamento que subsidie a elaboração de um processo estruturado de medição.

Figura 4 – Lógica de pensamento do sistema de medição

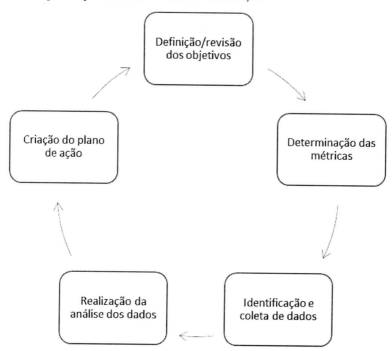

Fonte: a autora do capítulo

Assim como os indicadores são a base para a Gestão por Resultados, os objetivos são a base para o início de um sistema de medição. Eles precisam indicar quais dados e informações deverão ser monitorados e evidenciar o alinhamento com o PE. As métricas determinarão a construção dos indicadores que serão utilizados para mensurar o que se quer acompanhar. Na identificação e coleta de dados, serão estabelecidos os dados necessários para a composição das métricas dos indicadores, a forma como serão coletados, os responsáveis, a frequência e a maneira com que os dados serão armazenados após a coleta.

Já para a construção dos indicadores, é recomendado que sejam realizadas as reflexões a seguir.

- Validade: O indicador mede o que se propõe a medir? É baseado em evidências?
- Precisão: Ele define com clareza o que deve ser medido?
- Reprodutibilidade: Se duas pessoas fizerem a medida baseado na definição do indicador, chegarão ao mesmo resultado?
- Oportunidade: É coletado em tempo para tomar medidas de correção?
- Comparabilidade: Permite comparações entre serviços, regiões ou países?
- Sensibilidade/especificidade: Existe algum viés de seleção e informação?
- Facilidade: A coleta e o cálculo são de fácil execução? Existe consistência e coerência dos dados e cálculos?
- Interpretabilidade: O indicador é capaz de discriminar e agregar valor na análise?
- Custo: Qual o custo da coleta dos dados?

Essas perguntas ajudarão a racionalizar todos os pontos a serem analisados para a composição do indicador proposto.

Após essa etapa, com o indicador já estabelecido por meio de todas as reflexões e análises anteriormente listadas, é importante que seja criada a ficha de parametrização. Ter uma ficha parametrizada auxilia o treinamento das equipes, bem como a manutenção do padrão definido em sua criação e o uso da mesma base de dados, por exemplo, o que traz maior segurança à realização da análise crítica de dados e à tomada de decisão.

Sugere-se que a ficha de parametrização contemple, minimamente: nome do indicador; fórmula; tipo/unidade (coeficiente, taxa, índice, proporção, número absoluto, razão); fonte da informação; amostra; responsável pela elaboração; frequência (número de vezes que será medido em determinado período); objetivo/meta (motivo, valor, tempo, prazo do item que se quer medir).

Depois da construção dos indicadores, é preciso trabalhar a representação gráfica deles. É fundamental identificar o tipo de gráfico que melhor traduz os dados. Existem muitos tipos de gráficos, que são comumente utilizados, entre eles o gráfico de colunas, de linhas, de pizza, de barras. O essencial é compreender qual se adapta melhor aos dados que precisarão ser demonstrados.

AVALIANDO OS RESULTADOS

Ter indicadores é um requisito para fazer uma leitura correta da realidade e, assim, tomar decisões adequadas. Além de saber como criar, é preciso saber como eles serão utilizados. Ao passo que as instituições de saúde começam a medir os resultados, o processo de análise ganha um papel central para transformar as informações em conhecimento.

Nesse sentido, é fundamental o estabelecimento de momentos sistematizados de análise crítica. Trata-se de uma ferramenta importante para avaliar o desempenho, a qualidade e o sucesso de um projeto, serviço, processo ou informações, pois possibilita a avaliação da tendência do indicador, ou seja, o comportamento do conjunto de resultados ao longo do tempo. O objetivo da análise crítica é identificar problemas, avaliar as causas e propor soluções para melhorar o desempenho.

Para a melhor compreensão da análise crítica, sugerimos que ela seja visualizada como um processo.

Figura 5 – A análise crítica como processo

Fonte: a autora do capítulo

Visualizar a análise crítica, com base na lógica de um processo, pode facilitar o entendimento de tudo que a envolve. Se bem aproveitado, pode ser um momento extremamente rico em reflexões e aprendizados. Salienta-se que a fase da análise crítica é essencial para a realização de estudos estruturados sobre as causas dos resultados positivos ou negativos dos indicadores, bem como sobre a forma mais efetiva de desenhar ações para a promoção de melhorias quando necessárias.

É importante que, para a realização da análise crítica dos indicadores, sejam envolvidas as pessoas relacionadas. Por exemplo: para analisar os indicadores que acompanham os resultados organizacionais, é necessária a participação dos representantes da alta gestão (superintendência, diretoria, conselho etc.). Para a análise dos indicadores que acompanham o processo, ou seja, os acionadores de resultados, espera-se a participação da média gestão (gerentes, coordenadores, supervisores etc.).

A periodicidade das reuniões de análise crítica é outro ponto que merece atenção quando se trabalha com a gestão com foco em resultados. É suposto que seja estabelecido um cronograma anual de reuniões para que seja garantida a continuidade nas análises e nos retornos sobre as ações e melhorias planejadas em momentos anteriores.

TRABALHANDO AS OPORTUNIDADES DE MELHORIAS

As análises críticas são fontes importantes de subsídio para o reposicionamento de ações com base nos resultados dos indicadores. De toda forma, ainda que tenha sido realizado um excelente processo de análise e relacionados os principais resultados, por vezes não é possível visualizar o motivo dos desvios e do não atendimento aos resultados. Outras vezes, conclusões equivocadas são a base para a construção de planos de ação incapazes de tratar a causa raiz dos problemas e promover as melhorias necessárias.

Esse é um tópico importante de atenção. É fundamental que, nos casos em que o fator gerador dos problemas não esteja claro, sejam utilizadas ferramentas e técnicas capazes de apontar as causas raiz dos problemas, ao exemplo do Diagrama de Ishikawa, 5 Porquês e do Diagrama de Pareto.

Para além disso, é preciso uma compreensão ampliada do que pode ajudar a promover a melhoria organizacional. Essa capacidade perpassa a existência dos pontos a seguir.

Figura 6 – Como transformar dados em informações e projetar melhorias

Fonte: a autora do capítulo

1º passo: coletar. Saber o que precisa ser registrado, a forma como serão feitos os registros, onde serão armazenados etc. Ou seja, criar um sistema de medição.

2º passo: processar os dados e gerar a informação. Com um sistema de medição implantado, é possível levantar os dados necessários para o processamento.

3º passo: gerar informação. Com o processamento dos dados, é possível ter as informações para subsidiar as tomadas de decisões e ações de melhoria.

4º passo: gerar e compartilhar o conhecimento. A partir das análises críticas, das análises de causas raiz, de tendência, das ações implementadas, é possível gerar o aprendizado coletivo.

A organização de todos esses pontos serve para ressaltar que as análises e propostas de ações de melhorias só serão efetivas se toda a base estiver correta. Se existirem fragilidades desde o princípio, na identificação dos dados, na definição das métricas para os indicadores, na coleta de dados, é pouco provável que o resultado das análises seja confiável e sirva de subsídio para a proposição de planos de melhoria.

Todo esforço de melhoria busca uma mudança positiva[34]: sustentável, segura e efetiva, que para ser iniciado pressupõe a definição de um objetivo claro. Quando o sistema de medição estiver sólido, e as análises forem bem substanciadas, existirão informações suficientes para que projetos e planos de melhoria sejam propostos. Existem três questões que ajudam a estruturar um esforço de melhoria:

1. Objetivo do esforço de melhoria: O que é preciso melhorar e por quê?;
2. As métricas do esforço: Quais indicadores serão definidos? Definir a medida que evidenciará que a mudança foi uma melhoria para cada objetivo estabelecido;
3. As mudanças: Quais mudanças podem ser feitas? Identificar as possíveis mudanças, desenvolvê-las, testá-las, implementá-las.

---

[34] PRESTES, A.; CIRINO, J. A. Gestão da Mudança. *In*: PRESTES, A. *et al.* (org.). **Manual do Gestor Hospitalar**. v. 2. Brasília: Federação Brasileira de Hospitais, 2020.

Diferentes abordagens de melhorias podem ser utilizadas para esse desenvolvimento. Elas podem ser usadas de forma independentes ou complementares. Como exemplo, citamos: o modelo de melhoria do Institute for Healthcare Improvement (IHI); a cocriação baseada na experiência, o *lean healthcare*; o seis sigma e a gestão da qualidade total.

AS PESSOAS E OS RESULTADOS

A Gestão por Resultados busca atribuir responsabilidades em todas as linhas hierárquicas da organização, da estratégia à operação, como já vimos. Um dos pontos centrais é fazer o desdobramento dos objetivos e das metas chegar a cada colaborador. Isso precisa ser bem pensado, estruturado e consensuado. Para a capilarização dos objetivos, é necessário que os processos estejam bem descritos e implementados, as atividades bem desenhadas e executadas, para que objetivos e metas individuais sejam estabelecidos e acordados com cada membro dos grupos de trabalho, pois será a soma dos resultados de cada profissional que gerará o resultado global estabelecido pela instituição.

Um ponto relevante é que esse método de gestão, que avalia o desempenho dos resultados da organização, serve igualmente para perceber se as entregas de cada colaborador dentro da atividade ou função que executa estão tendo o resultado esperado. Para tal, é preciso que sejam objetivos e metas bem claros; além disso, a forma de medição, os indicadores, devem considerar quesitos quantitativos e qualitativos.

Uma das críticas[35] à Gestão por Resultados está relacionada à situação em que a equipe que a implanta não consegue criar formas de avaliar a qualidade do trabalho entregue, além da quantidade. Quando se trata de instituições de saúde, esse cuidado deve ser ainda maior, pois o desfecho do serviço sempre envolve um paciente.

Para minimizar os possíveis impactos negativos que podem ser causados, se esse método não for implantado com o cuidado que requer, sugerimos alguns tópicos[36] a serem observados para o desdobramento dos objetivos aos colaboradores.

Descrição conjunta do líder e liderado: é fundamental que o líder imediato e o colaborador da operação possam discutir sobre os atributos de entrega do trabalho a ser realizado. É importante que exis-

---

[35] LEVINSON, H. Management by Whose Objectives? **Harvard Business Review**, [S. l.], January, 2003.
[36] *Idem.*

tam momentos individuais que possibilitem a participação de cada profissional na construção dos padrões e formas de medição a serem adotadas para a execução das atividades.

Definição de metas: as de desempenho de curto prazo devem ser estabelecidas para o colaborador. Elas são essenciais para o acompanhamento contínuo e os feedbacks estruturados.

Criação de pontos de medição: as metas estabelecidas devem ser alvo constante de verificação para medir o progresso do trabalho do colaborador. Nesse interim é fundamental que sejam definidos momentos nos quais as metas serão medidas. Por exemplo: avaliação periódica (semanalmente por exemplo); análise das fases ou etapas do trabalho realizado (fracionar a entrega global em etapas menores e avaliar o resultado considerando essa evolução da entrega), entre outras. É imprescindível que seja estabelecida a data final de verificação sempre que uma meta nova seja acordada, independentemente das avaliações periódicas.

Feedback estruturado: reuniões sistemáticas entre o colaborador e seu líder imediato para discutir o progresso das atividades em direção às metas são essenciais. É fundamental a definição de um padrão pelo serviço de gestão de pessoas da organização, visando à preparação dos líderes para os momentos de feedback.

Definição das recompensas: fator decisivo para o engajamento de todos os colaboradores com a entrega dos resultados. Eles precisam saber claramente como serão beneficiados, ou seja, como seus esforços vão impactar sua carreira ou remuneração. Pode ser, por exemplo, uma estrutura de remuneração que possibilite o pagamento de valores adicionais mediante o atingimento das metas e/ou metas atingidas como fator necessário para concorrer a novas vagas, mudar de função, ou receber bônus específicos (cesta básica, dia de folga extra etc.). A forma como a organização estruturará esse importante ponto deve considerar o contexto, que envolve minimamente: questões financeiras e culturais; a capacidade de controle e cumprimento do que será acordado etc.

COMPREENDER, MEDIR E MELHORAR

A análise de performance não é algo fácil de ser realizado, ainda que existam substanciais auxílios de metodologias e ferramentas, ao exemplo do que nos apresenta a Gestão por Resultados. De toda forma, os benefícios justificam os esforços, principalmente em cenários complexos, como o do setor saúde, em que a sustentabilidade organizacional é assunto cada vez mais debatido.

Como vimos neste capítulo, é preciso uma boa dose de conhecimento acerca do tema para criar uma sistemática compatível com a organização que se pretende implantar. Compreender o cenário em que a empresa está inserida, a maturidade gerencial e cultural para trabalhar com base em objetivos e metas é ponto essencial de análise. Estabelecer pontos e formas de medição, organizados de maneira a garantir a confiabilidade dos dados desde a coleta, é fator decisivo para resultados seguros, que subsidiem a tomada de decisão. Por fim, saber que, para qualquer esforço de melhoria, é necessário ter clareza do objetivo a ser atingido para o atingimento de resultados.

Acompanhar os objetivos, estabelecer e analisar criticamente os indicadores, monitorar os resultados e compará-los com as metas estabelecidas é parte essencial do trabalho com foco em resultados. Compreender que todo processo existe para uma determinada finalidade e que dele se espera um resultado específico é fulcral no desenvolvimento da cultura do resultado. É essencial avaliar se os processos estão entregando o que se propõem e o quanto estão contribuindo para o resultado global.

Identificar os desvios entre os resultados e as metas é outro ponto decisivo que permitirá o estabelecimento de ações para o envolvimento da equipe e a definição de medidas corretivas quando necessárias. Observar quesitos de qualidade nas entregas é essencial às organizações de saúde, uma vez que, para além dos resultados quantitativos, precisam ser avaliados detalhadamente os motivos dos desvios em relação às metas de qualidade para que ações corretivas sejam aplicadas e possibilitem que os resultados atendam também requisitos de qualidade.

É papel dos líderes criar um ambiente de trabalho no qual as pessoas sintam-se incentivadas a agir direcionadas ao cumprimento dos objetivos e das metas traçadas. A execução eficaz das metas individuais dos colaboradores contribuirá para a obtenção de resultados organizacionais satisfatórios.

Quando a gestão da organização compreende que toda ação tem um impacto, tende a dar mais importância à forma como conduz as escolhas. As decisões passam por análises mais estruturadas e as ações mais bem planejadas.

O propósito deste capítulo foi apresentar formas para auxiliar as organizações de saúde a implementar uma gestão com foco em resultados, baseada em objetivos e metas realistas, bem como em monitoramento e estruturação de planos de ação para a promoção de melhorias. Ao estabelecer metas e ações intencionais, é mais provável que os objetivos sejam atingidos, com senso de propósito e determinação para manter o foco em busca dos resultados.

REFERÊNCIAS

DONABEDIAN, A. **The Definition of Quality and Approaches to its Assessment**. Ann Arbor: Health Administration Press, 1980.

DRUCKER, P. **The Practice of Management**. New York: Harper, 1954; London: Heinemann, 1955; Oxford: Butterworth-Heinemann, 2007.

LEVINSON, H. Management by Whose Objectives? **Harvard Business Review**, [S. l.], January 2003.

PRESTES, A. Gestão Estratégica. *In*: CIRINO, J. A. F. *et al.* **Manual do Gestor Hospitalar**. v. 4. Brasília: Federação Brasileira de Hospitais, 2022. p. 30.

PRESTES, A.; CIRINO, J. A. Gestão da Mudança. *In*: PRESTES, A. *et al.* (org.). **Manual do Gestor Hospitalar**. v. 2. Brasília: Federação Brasileira de Hospitais, 2020.

CAPÍTULO 5

GESTÃO DOCUMENTAL PARA PADRONIZAR E MELHORAR OS PROCESSOS

J. Antônio Cirino

SOBRE O QUE VAMOS CONVERSAR

Vamos conhecer neste capítulo a gestão documental para a gestão por processos, os modelos de documentos e o ciclo de vida da documentação: redação, aprovação, publicação, revisão, distribuição e obsolescência. Também vamos entender um pouco mais sobre a cópia controlada e a não controlada de documentos, bem como sobre o gerenciamento do uso dos documentos. Além disso, falaremos do uso da documentação para capacitação das equipes e do controle e rastreabilidade.

DOCUMENTAR PARA A GESTÃO POR PROCESSOS

Ao estruturar uma gestão por processos para a unidade de saúde, é crucial refletir sobre um passo essencial. "A partir dos processos inicialmente mapeados, qual a estrutura documental que atuaremos para a padronização das atividades e das interações processuais no hospital?".[37]

A padronização das atividades refere-se à necessidade de termos os processos críticos descritos, revisados e validados pelos envolvidos e pela linha hierárquica pertinente, permitindo que as ações práticas sejam realizadas com segurança, na diversidade dos âmbitos referentes a essa palavra (para o paciente, para o trabalhador, para a organização).

Já a interação processual é a possibilidade de, ao descrevermos as atividades interrelacionadas nos processos, possibilitar que sejam promovidos os acordos primordiais entre os setores, comissões e profissionais, estruturando as responsabilidades e atribuições de cada uma das partes interessadas. Assim, fortalecemos a gestão por processos e a segurança de todos.

Dessa forma, "[...] é necessário que os processos sejam conectados com a gestão de riscos, a gestão de resultados e as fontes de melhoria, e tenha também um sistema documental coeso para a sua padroniza-

---

[37] CIRINO, J. A. F. Gestão por processos. *In*: PRESTES, A. *et al*. **Manual do Gestor Hospitalar**. v. 3. Brasília: Federação Brasileira de Hospitais, 2021. p. 88.

ção",[38] demonstrando que toda a estrutura voltada à gestão da qualidade é integrada e sistêmica à organização de saúde. Para que um processo seja bem fundamentado, é preciso uma documentação estruturada e atualizada que possibilite a capacitação das equipes e o reforço diário dos procedimentos pactuados.

Dessa forma, "[...] a qualidade faz sentido para os profissionais, pois, assim, toda ação será a partir da análise do resultado do processo, todo documento estará vinculado a algum processo, e a estratégia será desdobrada até a ponta".[39]

Isso auxiliará, ainda, na gestão de riscos, para o evitamento das falhas, por meio da execução de atividades sistematizadas, tornando os fluxos cada vez mais seguros. O que exige, também, uma atualização contínua, a partir da existência de erros que demonstram a necessidade de revisão dessa documentação para adaptação diante dos novos momentos da unidade de saúde.

A gestão documental é a base fundamental para a criação das Políticas Institucionais; como veremos neste capítulo, pode haver um tipo de categoria específica para essa redação e declaração. Ou seja, a documentação deve ser observada desde o nível estratégico, passando pelo tático, até chegar ao operacional, com atividades detalhadas.

Na Gestão por Resultados, o gerenciamento documental vai contribuir com a visualização de como é o processo padronizado para que, a partir disso, sejam estabelecidos indicadores que vão mensurar a entrega do que foi planejado nesses documentos, servindo como uma fonte de consulta para os possíveis checklists e verificações de adesão ao pactuado.

Sendo assim,

> [...] é fundamental instituir a gestão documental da unidade de saúde, baseando-se em categorias comuns no Brasil, como manuais, procedimentos operacionais padrão (POP), rotinas, instruções de trabalho, formulários, políticas e outros.[40]

As diferentes formas de utilização dos documentos nos serviços de saúde não impactam o resultado principal, que é a sistematização dos

---

[38] *Idem*, p. 97.
[39] CRUZ, P. G. A qualidade e a acreditação como valor agregado e percebido pelos profissionais e pacientes. *In*: RUGGIERO, A. M.; LOLATO, G. **A jornada da acreditação**: série 20 anos. São Paulo: ONA, 2021, p. 28.
[40] *Idem*, p. 93.

processos. O ideal é buscar formas e padrões internacionais e nacionais consolidados para a formatação e estruturação dos documentos. Cada hospital, clínica e unidade poderá adaptar e aprender a melhor forma de gerir isso com os envolvidos.

> Para o adequado gerenciamento dos macroprocessos e com vistas à padronização e à orientação na execução das tarefas e das ações, é necessário que as atividades e as normas sejam descritas para uma apropriada execução dos processos, dos fluxos organizacionais, bem como das condutas dos colaboradores. Para tal, existem diversos formatos habitualmente utilizados; por exemplo: procedimentos operacionais padrão, manuais, protocolos, listas, políticas e formulários. [...] Neste sentido, a padronização permite trabalhar com alinhamentos pertinentes de acordo com o rito metodológico escolhido pela instituição, desde a concepção e a formatação, oportunizando o controle de todos os documentos produzidos, para que não sejam utilizadas informações obsoletas.[41]

Para a implantação da gestão documental, sugerem-se algumas etapas que podem ser conhecidas no fluxo a seguir.

Figura 1 – Etapas para implantação da gestão documental

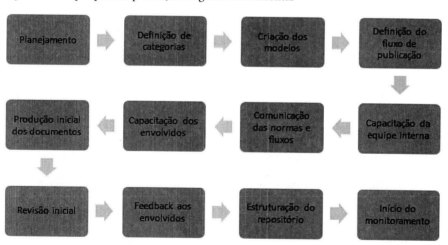

Fonte: o autor do capítulo

---

[41] PRESTES, A. Gestão da qualidade. *In*: RUGGIERO, A. M.; LOLATO, G. **A jornada da acreditação**: série 20 anos. São Paulo: ONA, 2021. p. 55.

Para auxiliar a implantação da gestão documental nas unidades de saúde, apresentamos, na sequência, algumas dicas sobre as etapas necessárias a essa estruturação.

PLANEJAMENTO

É uma etapa fundamental para responder às principais questões que surgirão ao decorrer da implantação. Algumas reflexões para auxiliar na sistematização:

- Quais categorias de documentos existirão na unidade? Será realizado um *benchmarking* em outros serviços para conhecer o que utilizam? É necessário seguir padrões de outras instituições parceiras?
- Os modelos serão criados em algum software?
- Quais elementos são essenciais para a organização, considerando, por exemplo, certificações e acreditações que serão buscadas?
- Quais critérios específicos de estrutura para visualização e impressão são importantes?
- Para a publicação do documento, quem precisará revisar, verificar e aprovar? Em quais instâncias hierárquicas? Com quais prazos e métodos para a realização?
- Como a equipe da qualidade será capacitada para esse gerenciamento dos documentos? Será usado algum sistema para esse fluxo?
- Como as normas e os fluxos serão comunicados para todos do serviço de saúde? Onde elas ficarão disponíveis?
- Como será a capacitação dos profissionais que farão a redação e validação dos documentos?
- Quais documentos serão priorizados na primeira etapa de produção? Qual cronograma será estruturado? Como essas entregas serão acompanhadas?
- Qual será o fluxo de revisão desses primeiros documentos para a implantação da gestão documental?
- Como será realizado o feedback dos primeiros documentos produzidos para o processo educativo das próximas produções?
- Como será o repositório de documentos da unidade de saúde?

- De que forma será o acompanhamento do ciclo de vida dos documentos após a implantação? Quais notificações serão feitas aos envolvidos? Quais indicadores serão medidos?

A partir das respostas a essas perguntas, é possível estruturar o planejamento inicial, que dará base para o cumprimento das próximas etapas de implantação com foco na gestão documental do serviço de saúde. Todo esse planejamento, que resultará em uma série de regras a serem seguidas pela gestão documental, deve compor um documento norteador desse tema na organização.

DEFINIÇÃO DE CATEGORIAS

As categorias de documentação usadas pelos serviços de saúde são variadas. Algumas organizações padronizaram pelo menos uma categoria por nível (estratégico, tático e operacional), outras possuem mais de um, atendendo às suas necessidades diárias. Não há limitações, apenas critérios mínimos para a disponibilização de modelos que sustentem a elaboração dos documentos cruciais para a unidade, com foco em visualizar todas as possibilidades, o que exige, por exemplo, um levantamento inicial sobre "o que queremos produzir?".

Figura 2 – Hierarquia documental

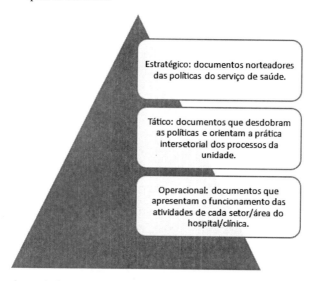

Fonte: o autor do capítulo

Em nível estratégico, é mais comum a elaboração de Políticas Institucionais, que serão norteadoras das atividades de toda a organização. Esses documentos tendem a ser os mais importantes, por dizerem o que devemos e o que não devemos, o que merece nossa atenção no dia a dia. A documentação estratégica também guiará a produção dos documentos em nível tático e operacional, como um "sumário" condutor, para iluminar os processos e as atividades da instituição de saúde.

Já em nível tático, espera-se a percepção interrelacional, sistematizando a atuação entre as diversas áreas, apresentando, por exemplo, protocolos, manuais, diretrizes, catálogos, fluxos, instruções de trabalho, tudo o que for integrador de mais de um setor.

Em nível operacional, geralmente se apresentam Procedimentos Operacionais Padrão (POPs), checklists e formulários que evidenciam a aplicação prática da gestão da qualidade. Também costuma estar vinculada à realização de tarefas que envolvem um setor ou poucas áreas, a atuação direta de um profissional e seus procedimentos práticos.

- O mais importante nessa etapa é definir: os grupos de documentos em cada nível; o nome e a possível sigla (por exemplo: Instrução de Trabalho – IT) e a codificação para numerar, visando identificar o documento e quantos dígitos serão utilizados (IT 0235, por exemplo).

CRIAÇÃO DOS MODELOS

A partir da definição das categorias, é importante criar um modelo de documento a ser utilizado. Para tanto, é importante responder a algumas questões iniciais: os documentos serão impressos ou virtuais? Será utilizado um software específico para o repositório de documentos ou haverá um controle manual digital ou físico? Qual a extensão desses documentos e como deverão ser usados (.doc .odt, a depender do software padrão de edição de texto e planilha da organização)?

Com essas questões definidas, é possível encontrar alguns caminhos para estruturar o formato do documento, o tipo de cabeçalho e rodapé padrão, bem como o conteúdo estandardizado para ser usado pela unidade de saúde: introdução, conceitos, siglas, referências etc.

Dependendo da certificação ou da acreditação da organização, alguns requisitos específicos deverão ser contemplados desde a fase de concepção, para não haver uma alteração de toda a documentação no futuro. Recomendamos fortemente que esse tópico seja analisado previamente para evitar o retrabalho. Planejar o modelo dos documentos, olhando para as ações almejadas pela instituição, auxiliará na entrega de documentos mais bem lapidados.

DEFINIÇÃO DO FLUXO DE PUBLICAÇÃO

Para uma adequada gestão documental, será necessário definir um fluxo de publicação dos documentos. Sugerimos que seja seguido o caminho explicitado nas próximas páginas deste capítulo nas quais mencionamos o ciclo de vida do documento, com detalhamento e sugestões para esse fluxo.

Nessa fase, é importante definirmos o responsável por cada uma das etapas, o prazo a ser seguido e os critérios analisados nas diversas situações. Todos esses acordos serão importantes para monitorar a efetividade da gestão documental e verificar onde precisamos é necessário melhorar.

CAPACITAÇÃO DA EQUIPE INTERNA

Com os fluxos estruturados, é importante capacitar a equipe da qualidade, que realizará todo o andamento desse processo no dia a dia, para que tenha compreensão do início, meio e fim, e seja multiplicadora contínua das boas práticas da gestão documental.

Dessa forma, é importante a realização de uma fase de teste com vários documentos, para que seja repassada cada etapa e procedimento necessários. É provável que, com esse exercício, surjam dúvidas e pontos a serem pactuados que, porventura, não tenham aparecido no planejamento. Por isso, é essencial investir um período nessa preparação interna antes de compartilhar o fluxo com os demais setores do hospital.

Além das aulas teóricas para os envolvidos internamente sobre a gestão por processos e a gestão documental, várias simulações realísticas e atividades práticas serão cruciais para o desenvolvimento dos profissionais atuantes nesse contexto.

COMUNICAÇÃO DAS NORMAS E FLUXOS

Após a equipe da qualidade estar totalmente capacitada para a execução do fluxo, é hora de comunicar para todo o serviço de saúde as normas e os fluxos da gestão documental. Sugerimos realizar a primeira abordagem da alta direção com os líderes, o que poderá trazer maior engajamento e adesão a essa sistematização. Após isso, um momento dos líderes com suas equipes para o desdobramento da comunicação poderá trazer grandes benefícios na implantação.

Assim que forem realizadas as orientações em reuniões e treinamentos, é imprescindível divulgar pílulas de conhecimento, pelos meios de comunicação interna, para a fixação das categorias de documentos, responsabilidades, prazos, fluxos etc. Isso vai auxiliar no reforço desse momento de estruturação da gestão documental.

CAPACITAÇÃO DOS ENVOLVIDOS

Realizadas as devidas comunicações ao serviço de saúde, é preciso capacitar os profissionais que executarão os procedimentos relacionados ao ciclo de vida da gestão documental. Para tanto, o ideal é a estruturação de oficinas, on-line ou presenciais, que possam ensinar desde o básico de elaboração de documentos, com exemplos exitosos para servirem de inspiração, até o uso das ferramentas necessárias (softwares, repositórios etc.).

Essa capacitação pode ser realizada prioritariamente com quem fará a elaboração e a validação dos documentos, com destaque para a participação dos líderes formais e informais dos processos. Também pode incluir todos os profissionais que queiram auxiliar nessa padronização das rotinas. Colaboradores que possam atuar como multiplicadores são um diferencial positivo para que o conhecimento seja compartilhado com mais pessoas e integre a implantação e o monitoramento contínuo da gestão documental.

PRODUÇÃO INICIAL DOS DOCUMENTOS

Com a equipe capacitada, é importante estruturar um cronograma para a produção inicial dos documentos, que pode considerar alguns pontos:
- Esse assunto é um tema estratégico e deve ser uma política?
- Esse processo é um importante desdobramento das políticas?
- As atividades têm impacto direto na segurança dos trabalhadores e dos pacientes?
- Essas rotinas são de processos críticos para a organização?

- Os temas a serem contemplados têm efeitos jurídicos para a organização?

Ao realizar essas perguntas, torna-se possível elencar os documentos que serão estruturados por ordem de priorização, facilitando a criação de um cronograma, conforme *template* que sugerimos a seguir. É importante o auxílio da equipe da qualidade para revisar a lista proposta pelos setores, para checar e orientar quanto à pertinência do que foi elencado e para analisar possíveis lacunas ainda não contempladas.

REVISÃO INICIAL

Recomenda-se um acordo com os setores para que enviem, por exemplo, um primeiro documento produzido para que a equipe da qualidade faça a análise e possa retornar com as possíveis orientações. Após isso, a carga da primeira leva de documentos pode ser enviada para a revisão inicial do material, considerando a necessidade de estruturar a documentação fundamental desse processo.

Nessa revisão inicial, a qualidade poderá realizar análises por lote de setor, fazendo as anotações e marcações diretamente nos arquivos e criando uma base de dados de "lições aprendidas" para novos treinamentos para as equipes do serviço de saúde.

FEEDBACK AOS ENVOLVIDOS

De posse da lista de lições aprendidas e do material inicialmente revisado, a Qualidade poderá enviar os arquivos para os setores, bem como as lições aprendidas, servindo de processo educativo para todos os envolvidos. Dependendo do nível de melhorias a serem empreendidas, é crucial agendar consultorias/mentorias exclusivas com cada área para auxiliar nessa jornada de alterações.

Esse primeiro momento fará a diferença para a obtenção de maior êxito na gestão documental, visto que os primeiros documentos devem imprimir o formato e as normas principais para que os próximos sigam o que foi pactuado. Nesse sentido, após o recebimento do feedback, recomenda-se conceder um novo prazo para os ajustes necessários; uma vez atualizados, podem seguir para a publicação.

ESTRUTURAÇÃO DO REPOSITÓRIO

De posse dos documentos inicialmente produzidos e validados, é hora de iniciar a disponibilização dos arquivos via repositório padronizado pela organização de saúde. Independentemente do formato, em sistema eletrônico, página de intranet ou planilhas estruturadas, é importante criar a melhor experiência possível de acesso para os usuários.

O repositório pode ser organizado por título dos documentos, categorias, processos criadores/envolvidos, e a disponibilização de catálogos, por temáticas correlacionadas, por exemplo: protocolos de segurança do paciente; documentos de comissões; formulários de auditoria etc.

INÍCIO DO MONITORAMENTO

Com a disponibilização dos primeiros documentos, a gestão documental está implantada e deve entrar na fase de "implementação", em que será possível visualizar o andamento do uso da documentação, a continuidade da produção, a segurança dos procedimentos realizados, além de monitorar os prazos dos fluxos de elaboração, revisão e validação.

Uma forma de acompanhamento é a realização de uma auditoria de documentos, em que a Qualidade poderá visualizar em cada setor o uso dos documentos conforme normas estabelecidas pela organização de saúde, construindo um checklist com o que é mais importante a ser seguido por todos e avaliando cada área. Os resultados podem servir, de forma lúdica, para um ranking ou gamificação com os setores com maior adesão ao protocolo/diretriz da gestão documental. Sugerimos a seguir um indicador para esse acompanhamento.

CICLO DE VIDA DA DOCUMENTAÇÃO

Estruturamos algumas orientações específicas sobre o ciclo de vida do documento, que, distante de serem regras fixadas, podem servir como inspiração para a construção dos padrões de cada serviço de saúde.

Figura 3 – Ciclo de vida do documento

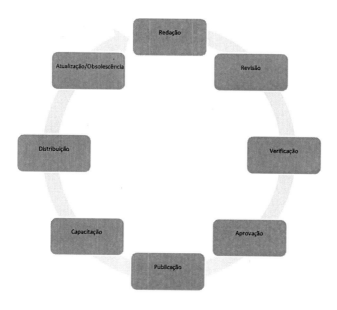

Fonte: o autor do capítulo

Com base em experiências na gestão documental e em *benchmarkings* com unidades de saúde nacionais e internacionais, apresentamos algumas orientações que podem contribuir com a sistematização desse processo na organização.

REDAÇÃO

Para a elaboração de documentos, é crucial atentar-se à linguagem a ser utilizada, que deve considerar a norma culta da língua, de forma clara, objetiva e compreensível para o público-alvo daquele texto. Ou seja, documentos muito longos ou que apresentem informações desnecessárias poderão ser um risco para os procedimentos da unidade, visto que as pessoas não terão acesso às informações cruciais.

Todos os profissionais poderão elaborar um documento, desde que tenham as credenciais, a formação, a experiência e as habilidades necessárias para endossar a rotina descrita. O uso de referências é essencial para fortalecer a validade científica e metodológica do procedimento sistematizado na documentação, por isso é importante que os elaboradores de documentos tenham um olhar criterioso para esse tópico. A descrição apresentada no documento será mais segura se o procedimento for testado, seguindo um ciclo PDSA (Plan-Do-Study-Act) de melhoria antes de ser de fato implementado.

REVISÃO

Essa etapa é realizada pela Qualidade, para revisar a adequação do documento à formatação e aos padrões preconizados pela organização. Recomenda-se que o foco da verificação seja alinhado ao perfil dos profissionais envolvidos nessa etapa. Por exemplo, se a revisão for executada por profissionais sem formação técnica na saúde e nível superior, o ideal é que sejam analisados apenas a formatação e os critérios objetivos de padronização. Se a atividade for executada por profissionais de ensino superior da área da saúde, é possível incrementar a análise com uma revisão ortográfica e de coesão do conteúdo. Tudo vai depender dos recursos humanos disponíveis.

VERIFICAÇÃO

Essa é uma etapa crucial, preliminar à aprovação do documento. A verificação é a oportunidade de envolver outros setores correlacionados com os temas dos documentos para um olhar especializado. Alguns dos setores verificadores mais comuns são o controle de infecção (CCIH/SCIRAS), o núcleo de segurança do paciente (NUSP) e o serviço especializado em engenharia de segurança e em medicina do trabalho (SESMT).

O primeiro, com foco em analisar se os protocolos de higienização e controle de infecção estão sendo cumpridos. O segundo avalia os protocolos de segurança do paciente; e o terceiro verifica as questões voltadas aos Equipamentos de Proteção Individual (EPIs) e procedimentos seguros de trabalho. Além desses, vários outros setores podem se tornar parte dessa etapa, desde que a inclusão de um novo verificador tenha o objetivo de tornar o fluxo mais seguro, sem transformá-lo em algo moroso. Como exemplo, citamos o gerenciamento de resíduos, a engenharia clínica, setores que eventualmente precisam "validar" o uso técnico de algumas medidas.

Nese sentido, os documentos são enviados para esses setores apenas quando existirem temáticas relacionadas, e não a totalidade da documentação, ainda que a maioria dos documentos assistenciais tenha relação com essas áreas. Caso o serviço de saúde sinta que inicialmente não é possível implantar essa rotina, ela pode ser suprimida até que seja possível realizá-la com efetividade, visto que se trata de uma etapa fortemente recomendada.

APROVAÇÃO

É a etapa em que há a aprovação final pelos profissionais/setores designados. Um dos fluxos mais usuais é o líder máximo do setor realizar essa aprovação, a partir de alçadas de validação. Por exemplo, as políticas são aprovadas somente por alta direção. Os documentos em nível tático e operacional são aprovados pela alta direção e média gerência. O mais importante é criar um fluxo seguro, em que o aprovador e o elaborador sejam profissionais distintos e saibam seu papel nesse processo.

A aprovação é uma validação, uma assinatura conjunta que autoriza a realização da atividade ou fluxo por ser o melhor e mais seguro para a organização de saúde. Dessa forma, os envolvidos nessa parte precisam ter a consciência da responsabilidade da validação e os impactos no caso de uma leitura superficial, o que pode resultar na aprovação de procedimentos frágeis, incompletos e inseguros.

PUBLICAÇÃO

Após validação, o documento é disponibilizado no repositório e fica liberado para acesso. Nessa etapa é importante que o serviço da Qualidade tenha mecanismos para comunicar à organização os novos documentos e os que foram atualizados.

A ideia é que todos possam ser orientados quanto aos procedimentos importantes para suas áreas e para a organização. Uma das possibilidades é criar um mecanismo de "ciência" na leitura desses novos documentos, possibilitando verificar a taxa de visualização, leitura e adesão à documentação gerada.

CAPACITAÇÃO

Com o documento disponibilizado, os líderes dos setores envolvidos devem elaborar uma sistematização e um fluxo alinhado com a Educação Continuada/Educação Corporativa para que essas rotinas sejam ensinadas aos profissionais. Dessa forma, cria-se um fluxo seguro para um novo documento impulsionar treinamentos coerentes com os procedimentos estabelecidos.

DISTRIBUIÇÃO

É preciso um controle de rastreabilidade adequado, visando evitar a utilização de documentos obsoletos ou vencidos na organização. Para auxiliar nesse controle, sugerimos que sejam categorizados na instituição dois tipos de cópias que podem ser distribuídos: a controlada e a não controlada.

A controlada serve para o uso dentro da organização, disponibilizada em locais específicos visando à orientação de equipes sem acesso ao documento digital ou momentos de treinamentos. A não controlada serve, geralmente, para o uso externo, em auditorias ou fiscalizações e outras necessidades em que a instituição não possui o controle de retorno da cópia ofertada.

Isso é uma realidade também no digital para que todos os envolvidos "devolvam" as cópias e excluam os arquivos usados evitando riscos à gestão documental.

Outra questão importante é o planejamento da sistematização de backups e acesso a documentos essenciais às rotinas assistenciais mesmo em situações de falta de energia/internet, por exemplo. Recomenda-se a estruturação de pastas com os formulários mais usados e outras contingências que possam auxiliar nessas situações, para o uso autorizado apenas nesses momentos.

ATUALIZAÇÃO/OBSOLESCÊNCIA

Os documentos precisam ser analisados de maneira sistemática para verificar a vigência e se as rotinas descritas ainda são pertinentes. Para isso, existem dois caminhos possíveis: o versionamento dos documentos, para atualizar possíveis mudanças, ou, caso não faça mais sentido o uso do documento, a sua obsolescência, isto é, a retirada do repositório para não ser mais acessado por todos.

Esse acompanhamento é responsabilidade dos elaboradores/líderes dos setores envolvidos e deve ser feito, constante ou minimamente, a cada ciclo de vigência do documento (algumas organizações estabelecem um ano de vigência). Como esse prazo é muito longo para alguns documentos, é essencial monitorar e acompanhar a pertinência no dia a dia do trabalho, junto à equipe.

RECOMENDAÇÕES PRÁTICAS

Visando à construção de uma lista de priorização para a gestão documental, demonstrando o levantamento de documentos, poderá ser utilizado o *template* sugerido a seguir. Essa priorização é realizada principalmente por meio da criticidade verificada na estruturação e no mapeamento dos processos. Quanto mais crítica for a atividade, maior será a necessidade de priorizar a produção desse documento.

Quadro 1 – *Template* para levantamento de documentos a serem produzidos

Processo	Setores envolvidos	Categoria do documento	Nome do documento	Responsável	Data limite para elaboração

Fonte: o autor do capítulo

Considerando a importância do monitoramento da conformidade da gestão documental, recomendamos a criação, a alimentação e a análise de um indicador que possa contemplar essa questão.

Quadro 2 – Parametrização de indicador Taxa de conformidade da gestão documental

Nome do indicador:	**Taxa de conformidade da gestão documental**
Dados a serem coletados:	Com base em um checklist das normas definidas, acompanhar o cumprimento do que foi pactuado para a elaboração, uso e distribuição dos documentos.
Periodicidade recomendada para o fechamento dos dados:	A cada ciclo de auditoria (mensal, trimestral ou semestral, por exemplo)
Formato de cálculo:	$\dfrac{\text{Requisitos conformes a partir da auditoria}}{\text{Total de requisitos avaliados}} \times 100$
Recomendações para a definição da meta e a direção (inversa ou diretamente proporcional):	A meta pode ser estabelecida a partir de cada ciclo realizado, com foco em uma melhoria progressiva dos resultados.
Possíveis participantes da análise crítica desses dados:	Serviço da Qualidade, líderes dos setores e alta direção

Fonte: o autor do capítulo

Esse indicador, por meio da realização de uma auditoria da gestão documental, auxiliará na identificação do que ainda é necessário melhorar durante a implementação e a sustentação dessa rotina.

PADRONIZAR PARA MELHORAR

O objetivo principal da realização da gestão documental, em hospitais, clínicas e unidades de saúde, é a padronização dos processos para a melhoria contínua. Esse importante tópico da Gestão da Qualidade para os serviços de saúde não tem foco em engessar ou impedir os processos de melhorarem, visando mantê-los dentro do "padrão já estabelecido". É justamente o oposto.

A intenção é realizar o procedimento da forma como foi validada no momento em que foi planejado. Na necessidade de realizar melhorias, que sejam feitas e atualizados os documentos, que servem de importante fonte para o processo educativo das equipes. Dessa forma, possibilita-se um fluxo contínuo de aperfeiçoamento da qualidade desses serviços prestados.

REFERÊNCIAS

CIRINO, J. A. F. Gestão por processos. *In*: PRESTES, A. et al. **Manual do Gestor Hospitalar**. v. 3. Brasília: Federação Brasileira de Hospitais, 2021.

CRUZ, P. G. A qualidade e a acreditação como valor agregado e percebido pelos profissionais e pacientes. *In*: RUGGIERO, A. M.; LOLATO, G. **A jornada da acreditação**: série 20 anos. São Paulo: ONA, 2021.

PRESTES, A. Gestão da qualidade. *In*: RUGGIERO, A. M.; LOLATO, G. **A jornada da acreditação**: série 20 anos. São Paulo: ONA, 2021.

CAPÍTULO 6

AUDITORIAS INTERNAS COMO INSTRUMENTO PARA A CONFORMIDADE

J. Antônio Cirino

SOBRE O QUE VAMOS CONVERSAR

Sobre os tipos de auditoria e seus conceitos. Como definir a amostragem e a sistemática para realização de auditorias (periodicidade, prazos etc.); qual o passo a passo para a estruturação da auditoria (quem envolve, como formar os avaliadores, como executar a avaliação, checklist para avaliação etc.) e o que fazer com os resultados para promover melhorias.

COMO PROMOVER MELHORIAS POR MEIO DOS RESULTADOS DAS AUDITORIAS

Os serviços de saúde podem lançar mão de diversas estratégias para obter parâmetros quanto ao seu nível de conformidade e à qualidade da entrega dos procedimentos assistenciais, administrativos e de apoio, com base em requisitos pré-definidos. Entre eles, um pode ser destacado considerando sua condição viabilizadora de um processo educativo que envolve diversos níveis da organização, transitando de forma sistêmica, que é a auditoria/avaliação interna. "Para avaliar os resultados dos processos, da gestão de riscos e dos demais requisitos associados com a qualidade dos requisitos institucionais, as auditorias contribuem significativamente com os ciclos de melhorias".[42]

Uma das vertentes é a busca da conformidade. Independentemente do tipo de auditoria, e do seu foco, o resultado poderá auxiliar na análise minuciosa quanto ao nível de aderência aos requisitos estabelecidos pela unidade de saúde, em suas variadas áreas. Esse percentual de cumprimento do que foi pactuado, de legislações, normas internas, critérios advindos de protocolos até certificações/acreditações nacionais/internacionais, refletirá o quanto se está em *compliance* com esses temas.

---

[42] PRESTES, A. Gestão da qualidade. *In*: RUGGIERO, A. M.; LOLATO, G. **A jornada da acreditação**: série 20 anos. São Paulo: ONA, 2021. p. 55.

A partir da visualização dos resultados, é possível estruturar planos de ação, ciclos PDSA e projetos para a adequação, implantação ou gerenciamento adequado do que for pertinente. Isso se tornará real, somente se tiver um diagnóstico inicial para obter informações suficientes para essa tomada de decisão.

Do ponto de vista da qualidade dos serviços prestados, as avaliações internas são essenciais também para demonstrar o quanto estamos realizando a prestação da assistência, das atividades de apoio e administrativas com o nível de excelência almejado. O uso de técnicas adequadas é uma forma muito efetiva de captar as percepções e registrá-las em checklist proposto, para aferir a satisfação dos envolvidos,

Os dados coletados servirão para analisar se a unidade de saúde está no caminho planejado, se existem pontos para adequação, se a postura dos envolvidos é coerente com o perfil do serviço, entre outros pontos que podem ser identificados por meio da leitura do relatório de auditoria.

Alguns benefícios de uma auditoria interna na organização são:

- aumento da confiabilidade nos processos executados pela organização a partir da sua checagem periódica;
- redução de erros evitáveis que podem ser captados durante a metodologia de avaliação interna;
- investimento na formação dos profissionais para o desenvolvimento de um olhar voltado à qualidade, *compliance* e segurança, tanto dos auditores quanto dos auditados;
- fortalecimento da preparação da equipe para recepcionar auditorias de forma recorrente, considerando o cenário do setor saúde;
- fornecimento de informações para a tomada de decisão da alta direção, bem como para subsidiar os líderes táticos e o time operacional em suas ações diárias com base nos seus resultados de auditorias anteriores;
- contribuição com aprendizagem para que todos atuem de modo a gerar evidências em suas atividades, tornando o processo mais seguro e transparente;

- promoção do alinhamento da visão estratégica da unidade de saúde por meio dos requisitos a serem auditados, buscando avaliar se as ações para o alcance do resultado futuro estão em execução;
- construção de planos de ação, ciclos de melhoria e projetos embasados em diagnósticos atualizados sobre as áreas.

A auditoria mencionada neste capítulo refere-se à de primeira parte, que é organizada, estruturada e realizada pelo próprio serviço de saúde. Existem as de segunda parte, feitas por órgão independente, e as de terceira parte, com foco em certificações/acreditações e outros.

Diferentes tipos de auditoria/avaliação interna podem ser realizados na unidade de saúde. Todos possuem ritos similares, com algumas mudanças metodológicas, requisitos ou redução de etapas a depender dos objetivos. Resguardam entre si uma mesma estrutura:

- Integridade/compliance – o foco dessa auditoria é verificar os requisitos voltados à anticorrupção, antifraude, que fortaleçam a cultura de integridade e *compliance*. Geralmente há uma equipe interna designada para essa atividade, com autonomia e isenção no processo, com subordinação direta à estrutura mais elevada da unidade de saúde;
- Riscos – tem como objetivo acompanhar a conformidade das práticas de controle para o evitamento de riscos nos processos, se assemelha à auditoria de integridade, por também avaliar riscos, mas difere-se ao olhar para a gestão de riscos de forma ampliada, não apenas as possíveis falhas em âmbito da legalidade. Pode utilizar-se de equipe dedicada ao tema ou de avaliadores internos formados para auxiliar temporariamente nessa função;
- Protocolos – seu objetivo é monitorar a efetividade dos protocolos instaurados, seu status de implantação/implementação e a adesão das equipes aos regramentos propostos. Costuma ser realizada pela equipe da qualidade e segurança do paciente, ou por setores/comissões correlatos, que buscam verificar a aplicação do protocolo em suas diferentes fases;
- Prontuário – comumente realizada pela comissão de análise e revisão de prontuários. A avaliação desses documentos assistenciais e administrativos permite a análise da qualidade dos

procedimentos realizados por meio da efetividade dos registros, antecipando riscos e retornando com melhorias para fomentar um processo educativo;

- Documental – realizada principalmente pela própria equipe da qualidade, para checar o uso correto da documentação do Sistema de Gestão da Qualidade, evitando riscos de uso de documentos obsoletos ou piratas na organização, seu correto controle e armazenamento;
- Acreditação/certificação – pode ser um diagnóstico prévio às avaliações externas de acreditação/certificação, realizada por equipe da qualidade ou por meio da formação de um time de avaliadores internos que contribua para a checagem dos requisitos dos manuais propostos;
- 5S – pode ser bem específica para analisar o grau de implantação da metodologia 5S na unidade de saúde, propiciando a verificação dos cinco elementos na prática, do ponto de vista da infraestrutura, dos sistemas digitais e da saúde física e mental da equipe atuante.

IMPLANTAÇÃO E IMPLEMENTAÇÃO DA AUDITORIA INTERNA

Apesar das peculiaridades de cada tipo de auditoria/avaliação interna, há uma linha central que contribui para a implantação e implementação desse processo na unidade de saúde.

Figura 1 – Passos para implantação dos ciclos de auditoria interna

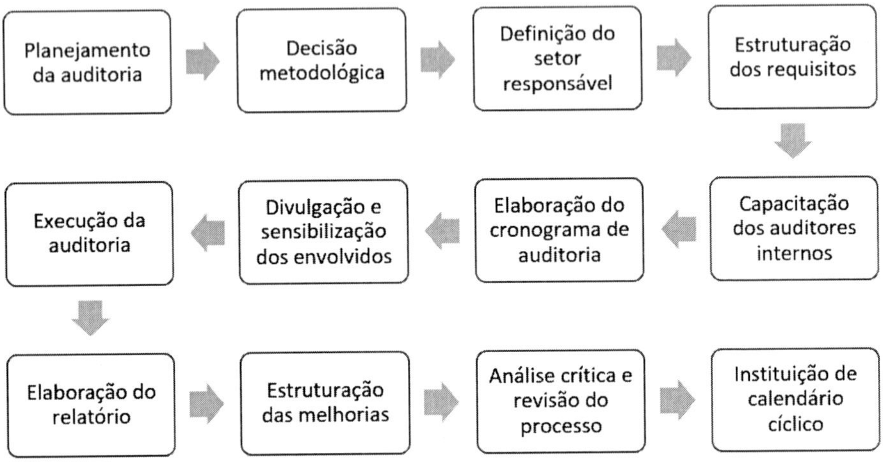

Planejamento da auditoria → Decisão metodológica → Definição do setor responsável → Estruturação dos requisitos ↓ Capacitação dos auditores internos ← Elaboração do cronograma de auditoria ← Divulgação e sensibilização dos envolvidos ← Execução da auditoria ↓ Elaboração do relatório → Estruturação das melhorias → Análise crítica e revisão do processo → Instituição de calendário cíclico

Fonte: o autor do capítulo

Cada contexto organizacional vai exigir etapas e estratégias distintas, que podem se basear na estrutura proposta, sendo adaptada para a melhor execução possível.

PLANEJAMENTO DA AUDITORIA

Nunca é demais explicar que essa é a etapa mais importante de todo o processo de implantação, visto que é um momento dedicado à reflexão quanto a cada passo a ser dado para a realização da auditoria interna. Por isso, sugerimos algumas perguntas que podem orientar esse fluxo:

- Qual o objetivo ou propósito da auditoria?
- Qual a metodologia adotada para a realização da auditoria?
- Qual setor ficará responsável por monitorar a implantação e gerenciar os resultados periódicos?
- Quais requisitos serão contemplados na auditoria e como serão estruturados?
- Quem serão os auditores internos e como serão capacitados?
- Qual será o tempo dedicado para auditoria de cada processo e quais áreas serão contempladas?
- Como será realizada a divulgação e sensibilização das partes interessadas?
- Quais serão os ritos padrão da auditoria e como serão registradas as etapas?
- Qual será o padrão do relatório e como será compartilhado com os responsáveis dos processos?
- De que forma será orientada a estruturação das melhorias a partir dos pontos visualizados no relatório?
- Quais pontos serão analisados criticamente sobre o fluxo de auditoria para revisar o processo?
- Qual será o calendário cíclico de auditorias?

Com uma visão ampliada desses pontos da implantação e implementação da auditoria interna, o processo torna-se mais seguro, visto que, a partir da orientação e da sensibilização de cada parte envolvida (auditores, auditados, setores, diretoria etc.), é provável que haja maior propriedade do tema e maior clareza sobre o resultado esperado.

DECISÃO METODOLÓGICA

Nessa etapa é importante compreender as diversas modalidades de auditoria interna possíveis — ou seja, os métodos para essa avaliação — e quais delas serão usadas para a realização do processo em estruturação:

- Análise documental: focada na evidência de registros administrativos realizados pela unidade de saúde. Esses podem ser solicitados previamente, visualizados durante a auditoria ou solicitados após os procedimentos auditados para fundamentar a elaboração do relatório;
- Entrevista com os envolvidos: importante instrumento de verificação do processo orientativo e educacional da organização. Busca evidenciar se os responsáveis e profissionais envolvidos nas áreas conseguem demonstrar a conformidade de suas atividades, por meio de abordagens direcionadas ao checklist de auditoria;
- Observação das práticas: possui o objetivo de conferir se o que foi planejado e descrito nos documentos está sendo executado no dia a dia. Essa é uma abordagem importante para garantir que as equipes sigam suas rotinas e que, a partir disso, melhorias possam ser sugeridas, sem maiores intervenções;
- Checagem de prontuário: assim como a documental, essa auditoria tem o objetivo de analisar especificamente os registros no prontuário para a identificação de evidências assistenciais. Com base no padrão do cuidado almejado, em legislações, protocolos e normas internas da organização, é factível conferir a adesão a esses critérios correspondentes.

É viável a combinação dessas técnicas de auditoria, viabilizando uma análise completa da organização. Considerando as atuais tecnologias de informação e comunicação, também é importante tomar outras decisões, por exemplo, acerca da sincronicidade:

- Síncrona – realizada ao vivo com os participantes dedicados ao tema da auditoria em um mesmo horário, com reuniões e ações diretamente nas áreas;

- Assíncrona – promovida sem exigir a participação de todos os envolvidos ao mesmo tempo, geralmente realizada por sistemas ou solicitações de documentações por e-mail. O auditor realiza a conferência do que é necessário sem a necessidade da participação dos auditados naquele momento.

Outra abordagem a ser decidida é com relação à localização dos auditores e auditados:

- Presencial/in loco – realizada na presença física dos auditores e auditados, em salas da unidade de saúde ou nos próprios locais do processo (centro cirúrgico, UTI etc.);
- Remota – mediada por tecnologia, em que auditado e auditor não estão no mesmo espaço físico. Pode acontecer também com auditorias internas considerando que atualmente existem nas organizações de saúde com equipes híbridas (teletrabalho/presenciais).

Outra reflexão importante é sobre o que será analisado nesse processo:

- Amostral – nesse perfil de auditoria, avaliam-se processos seguindo critérios definidos para uma amostra menor, como uma matriz GUT das áreas mais críticas, ou uma amostra por conveniência dos requisitos importantes para a organização no momento;
- Total – independentemente da quantidade de processos e requisitos, todos são analisados no mesmo ciclo, com início e fim definidos.

A partir da verificação dessas questões, é possível estruturar a auditoria interna de forma assertiva, adaptada às necessidades da unidade de saúde dos envolvidos, para a maximização dos resultados.

DEFINIÇÃO DO SETOR RESPONSÁVEL

É importante que o serviço de saúde reflita qual será o setor, ou mesmo a comissão, responsável por acompanhar o tema da auditoria interna. Pode ser mais de um, dependendo da finalidade, do organograma e da distribuição de atribuições a unidade de saúde. O crucial é ter alguém designado para o monitoramento, responsável por gerenciar e compartilhar os resultados com a alta direção para a tomada de decisões.

As responsabilidades da área responsável pelo acompanhamento da auditoria interna são, basicamente:

- contribuir com a mediação das informações da auditoria com a alta direção e os envolvidos;
- auxiliar na checagem dos procedimentos se foram realizados conforme etapas padronizadas e ritos preconizados;
- realizar checagens amostrais dos resultados de auditoria;
- construir indicadores e *dashboards* dos resultados para compartilhar com os tomadores de decisão;
- monitorar a execução dos planos de ação dos ciclos de auditoria e imprimir ritmo para o cumprimento dos prazos;
- solicitar divulgação, treinamentos e sensibilizações sobre o tema;
- realizar os registros administrativos necessários para a continuidade da atividade;
- acompanhar o desempenho dos avaliadores internos e propor atualizações ou substituições do time;
- analisar a efetividade do processo e propor revisões ao fluxo.

A partir dessas atribuições, recomenda-se que a organização avalie qual estrutura terá condições de proceder com as entregas almejadas para a excelência do fluxo de auditoria.

ESTRUTURAÇÃO DOS REQUISITOS

Essa é uma parte fulcral do processo de auditoria, visto que a elaboração dos critérios a serem avaliados dará o norte a ser trabalhado pelos auditores. Por isso, recomendamos alguns pontos que podem compor a lista de requisitos para auxiliar nessa estruturação:

- Verificar legislações que envolvem a área;
- Listar políticas institucionais que devem ser seguidas;
- Conferir protocolos, manuais e procedimentos operacionais padrão que estão no escopo desse setor;
- Realizar entrevista com os auditados para conferir como é realizado o processo;
- Checar o mapeamento do processo, a matriz de riscos e os indicadores analisados;

- Analisar a documentação produzida pelo setor e os sistemas tecnológicos usados;
- Buscar o planejamento e as ações estruturadas pelo processo;
- Identificar as metas estratégicas para a área.

Com base nesses pontos, é possível realizar um levantamento completo dos requisitos a serem auditados, a partir do escopo definido para cada ciclo. Destaca-se que algumas avaliações específicas, como a de riscos, já tem, em seu escopo, a premissa de requisitos por padrão.

CAPACITAÇÃO DOS AUDITORES INTERNOS

Com base nos requisitos definidos, é hora de escolher quem fará parte da equipe de auditores internos. "Para a execução das auditorias, é importante um time de profissionais capacitados. Os auditores internos podem emergir das equipes dos processos avaliados, em uma ação de aprendizado duplo". [43]

Para essa composição, podemos ter dois formatos de atuação:

- Equipe técnica específica – composta por profissionais de uma determinada área que serão auditores contínuos dos processos, contratados para essa função, com dedicação de parte ou de todas suas horas para esse fluxo;
- Grupo multidisciplinar – composto por profissionais de várias áreas da organização, designados temporariamente para as atividades de auditoria.

Independentemente do formato do grupo, são esperadas algumas competências, atitudes e habilidades de um avaliador/auditor interno, como: discrição/sigilo; resiliência; visão sistêmica; olhar crítico; autogestão; profissionalismo.

Após a seleção, é imprescindível promover a capacitação dos auditores. Recomenda-se trabalhar com uma formação teórica inicial, contemplando técnicas, abordagem e objetivos da auditoria; depois uma simulação realística, com práticas de avaliação em situações fictícias ou reais para completar a experiência dos envolvidos.

---

[43] PRESTES, 2021, p. 56.

Apenas após o primeiro ciclo completo da auditoria executada, a formação dessa primeira turma de auditores estará completa. Outra estratégia para novas turmas seria, por exemplo, designar que os novos auditores sejam acompanhados por auditores já experientes, para fortalecer o treinamento do time.

Dos profissionais capacitados para a realização da auditoria, um será designado como o líder, geralmente o profissional com maior experiência e disponibilidade de tempo para as funções adicionais de conduzir a equipe e orientar os demais colegas, além de ser uma ponte com os auditados, ajustando cronogramas etc.

- ## ELABORAÇÃO DO CRONOGRAMA DE AUDITORIA

De posse da tríade de informações necessárias para elaborar o cronograma (metodologia, requisitos e auditores), pode-se empreender essa construção. É crucial o envolvimento do time de auditores e do setor que acompanha a atividade na unidade de saúde para a obtenção do melhor resultado possível.

O cronograma deve contemplar quais requisitos serão avaliados, em quais áreas, por quais avaliadores e em qual dia e horário. A quantidade de tempo vai depender do total de dias e auditores designados para essas atividades. A primeira realização da auditoria será um piloto para entender o melhor tempo para cada cronograma; a partir da segunda auditoria, isso estará mais bem calibrado, com maior chance de pontualidade e acerto no tempo ideal.

Sugere-se a revisão do cronograma antes da sua divulgação, para verificar possíveis riscos de conflito de interesses entre auditados e auditores. Isso pode evitar que sejam questionados os resultados de auditoria; por exemplo, uma pessoa do próprio setor designada para avaliar os requisitos daquela área. Caso seja possível evitar esses contextos, que seja feito antes da divulgação do cronograma.

DIVULGAÇÃO E SENSIBILIZAÇÃO DOS ENVOLVIDOS

De posse do cronograma, da lista de avaliadores e dos ritos a serem seguidos, pode-se iniciar a divulgação para a organização e promover uma sensibilização dos envolvidos para que se tenha a maior adesão e engajamento às atividades.

Algumas soluções seriam: realizar reunião com a alta direção e lideranças para informar o cronograma, promover treinamentos com todos para saberem como ser auditados e os objetivos da auditoria; solicitar um plano de comunicação para que cada etapa seja fortalecida com uma campanha criativa e envolvente das equipes.

EXECUÇÃO DA AUDITORIA

Após a preparação ideal, tem-se o momento da execução da auditoria. Aqui se trata dos ritos de abertura (reunião) até a auditoria em si, além das atividades de encerramento. É crucial que o time de avaliadores tenha total consciência de suas atribuições, horários e responsabilidades, assim como os auditados, que deverão contribuir ativamente para os resultados almejados.

Na execução da auditoria, deve-se estar preparado para reorganizar o cronograma em casos fortuitos, bem como para realizar alinhamentos necessários quanto à conformidade e não conformidade dos requisitos para compreensão dos participantes. Uma dica importante para que o processo educativo seja contínuo: é essencial que os feedbacks sejam concedidos pelos auditores aos auditados ao final de cada atividade, visando realizar os alinhamentos do que foi entendido e do que ainda precisa de esclarecimento. O foco dessa fase é a busca de evidências, que é "[...] o conjunto de fatores apresentados ao conhecimento de uma pessoa com o propósito de lhe permitir decidir sobre uma questão que está em discussão".[44]

ELABORAÇÃO DO RELATÓRIO

Durante a auditoria, ou ao final dela, inicia-se a elaboração do relatório. Nele é importante constar as informações gerais de escopo da avaliação realizada, a metodologia utilizada, os nomes dos avaliadores, o cronograma e demais dados que evidenciem o processo conduzido.

Depois dessa introdução, os requisitos são apresentados, com sua análise de conformidade, e as observações individuais daquilo que ficou não conforme, de forma obrigatória, além das demais análises desejáveis para quando o time tiver contribuições pertinentes.

---

[44] AVALOS, J. M. A. **Auditoria e gestão de riscos**. São Paulo: Saraiva, 2009. p. 25.

Ao final do relatório, faz-se uma análise geral dos principais pontos percebidos, com pontos fortes e pontos a melhorar; isso é crucial para auxiliar a alta direção na tomada de decisão. A depender do formato de trabalho da unidade de saúde, pode ser benéfico produzir um relatório por área, para evitar competições ou exposições entre as áreas.

ESTRUTURAÇÃO DAS MELHORIAS

Quando as áreas receberem seus relatórios, é importante que tenham acesso a orientações do que deve ser feito a partir desse conteúdo.

Qual será o prazo para construir os planos de ação e projetos? Qual metodologia devem usar? Quais os critérios obrigatórios para esse planejamento? De que forma vão demonstrar as melhorias? Quais os prazos de início e fim das ações? Onde vão disponibilizar essas informações (em sistema próprio, planilha ou em um quadro, por exemplo)?

Essas questões, ao serem planejadas, servem como um guia para cada setor estruturar suas melhorias a partir do feedback de auditoria, com vistas a corrigir o que for não conforme; fortalecer o que é conforme, embora ainda possa haver pontos a desenvolver; implantar aquilo que ainda é inexistente e checar o que tem risco à organização. Recomenda-se que os planos de ação tenham prazos de acordo com a criticidade do requisito para os resultados da unidade de saúde (quanto maior o impacto, menor o prazo de execução da melhoria).

ANÁLISE CRÍTICA E REVISÃO DO PROCESSO

Ao término desse primeiro ciclo da auditoria, deve-se avaliar todos os processos, etapa por etapa, para promover a revisão adequada antes da próxima realização. Pode ser importante implantar uma pesquisa de satisfação com cada perfil de participante (auditores e auditados) para checar a percepção de ambos e, a partir disso, verificar o que pode ser melhorado.

De posse dessas informações, é possível construir indicadores que monitoram a qualidade da realização da auditoria e um relatório geral sobre os pontos fortes e desafios para o próximo ciclo, compartilhando o aprendizado com os envolvidos. Além disso, devem ser gerados os planos de ação cabíveis para a continuidade desse processo na organização.

INSTITUIÇÃO DE CALENDÁRIO CÍCLICO

Melhorias realizadas, pode-se compreender de quanto em quanto tempo será possível realizar o ciclo de auditoria e, a partir disso, definir um calendário e disponibilizá-lo para todos os envolvidos. Isso auxiliará também na alocação dos recursos humanos necessários para a avaliação, deixando reservadas as horas dos avaliadores internos para os períodos em que se realizarão as auditorias.

Esse calendário poderá ser revisado a cada novo ciclo para que continue sendo efetivo a partir do contexto da unidade de saúde e suas necessidades de acompanhamento. Com as melhorias executadas a cada novo ciclo, poderá ser ampliado o prazo de nova auditoria, a depender, sempre, dos resultados de cada processo.

INSTRUMENTOS DE AUDITORIA

Com o foco em auxiliar a estruturação de instrumentos mínimos para realização da auditoria interna na unidade de saúde, propomos a seguir alguns modelos que podem ser adaptados a partir dos contextos e das necessidades de cada organização.

Visando à estruturação do cronograma, podem ser listados os requisitos, a área, ou o processo, o responsável, os avaliadores/auditores e a data/hora a ser executada a avaliação.

Quadro 1 – Estrutura para cronograma de auditoria interna

Requisitos	Área/processo	Responsável	Avaliadores/auditores	Data/hora

Fonte: o autor do capítulo

Já para o relatório de auditoria interna, para cada requisito, é possível mencionar as áreas envolvidas, o detalhamento de cada requisito, as evidências, bem como a avaliação de conformidade (conforme e não conforme) e as possíveis observações.

Quadro 2 – Estrutura para relatório de auditoria interna

Requisito	Área(s) envolvida(s)	Detalhamento	Evidências	Conformidade		Observações
				C	NC	

Fonte: o autor do capítulo

Por fim, uma estrutura simplificada para plano de ação pode ser usada como forma de controlar o planejamento advindo da auditoria interna empreendida.

Quadro 3 – Estrutura simplificada para plano de ação do relatório de auditoria interna

Informações relatório de auditoria	Ação	Responsável	Data de início	Data fim

Fonte: o autor do capítulo

Esses modelos são apenas orientadores de uma base inicial para o serviço de saúde, que poderá estruturar novos formulários atendendo as suas necessidades.

AUDITORIA COMO FONTE DE MELHORIA CONTÍNUA

Considerando os pontos explicitados neste capítulo, a auditoria interna é uma das principais fontes de informação para a melhoria contínua nos serviços de saúde. É por isso que devemos ter parâmetros bem estabelecidos para sua fundamentação e execução de forma periódica, garantindo fluidez entre as práticas de avaliação e suas consequentes mudanças positivas nas áreas envolvidas.

Quando pensamos em auditoria interna, a imagem a ser fortalecida é de um processo que visa mitigar riscos, aumentar a segurança, prevenir falhas, fortalecer processos e efetivar o fluxo educacional dos profissionais que participam dessa atividade, seja como auditor ou auditado, de forma mútua e contínua.

Por ser um ciclo, oportuniza que sejam realizadas análises comparativas com os resultados de cada procedimento de verificação, o que favorece a gestão, ao perceber as alterações que ocorreram de um período ao outro e os investimentos em ações e recursos realizados. Se essas informações forem bem registradas em cada etapa, pode-se compreender quais estímulos, estratégias e esforços são mais viáveis para a organização, a partir de seu próprio contexto.

Recomenda-se que toda essa dinâmica avaliativa tenha um olhar científico, baseado em evidências e que permita olhar para o ontem com vistas a conhecer o presente e planejar um amanhã com maior efetividade. A busca contínua pela excelência operacional e pela qualidade e segurança do paciente (e de todos) perpassa por uma forte cultura capaz de sustentar ciclos de auditoria interna com êxito e com um foco na educação dos stakeholders.

REFERÊNCIAS

AVALOS, J. M. A. **Auditoria e gestão de riscos**. São Paulo: Saraiva, 2009.

PRESTES, A. Gestão da qualidade. *In*: RUGGIERO, A. M.; LOLATO, G. **A jornada da acreditação**: série 20 anos. São Paulo: ONA, 2021.

CAPÍTULO 7

A SEGURANÇA DO PACIENTE NA PRÁTICA

Gilvane Lolato

SOBRE O QUE VAMOS CONVERSAR

Vamos dialogar sobre o contexto da segurança do paciente. Discutir o sistema organizacional e a redução dos riscos de erros. Falar sobre os protocolos de segurança do paciente e sua importância para assegurar a qualidade e minimizar as falhas. Como estruturar sistema para a notificação, análise e tratativa dos incidentes na prestação do cuidado. Aprender com os incidentes e não conformidades de processos e apresentar a educação continuada como principal aliada na segurança do paciente.

OBTENDO A VISÃO SISTÊMICA SOBRE A SEGURANÇA DO PACIENTE

O tema segurança do paciente é muito amplo, portanto para ajudá-lo a ter uma ideia dos pontos principais e práticos, apresento o quadro a seguir, que pode auxiliar nos primeiros passos.

Quadro 1 – Primeiros passos para implantar a cultura de segurança do paciente

Qual tema posso abordar?	Como posso levar o tema para a prática?
Segurança do paciente	Discutindo conceitos com a equipe.
	Estudando casos práticos e refletindo sobre qual aprendizado e melhoria podemos implantar na organização.
	Realizando visitas a organizações similares para comparar as boas práticas.
	Realizando campanhas, atividades lúdicas, levando o tema para o dia a dia da equipe.
Riscos e barreiras	Compreendendo os conceitos
	Identificando os riscos dos processos e organizacionais.
	Identificando as barreiras necessárias, para evitar que os riscos ocorram.

Qual tema posso abordar?	Como posso levar o tema para a prática?
Notificação, análise e tratativa dos incidentes	Compreendendo os conceitos. Conhecendo cada uma das etapas. Disseminando as etapas para todas as partes interessadas. Estimulando a cultura justa.
Aprendendo com os erros	Gerando aprendizado contínuo. Discutindo em conjunto os incidentes. Refletindo sobre onde podemos melhorar.

Fonte: a autora do capítulo

Os exemplos citados no quadro são algumas ideias do que pode ser feito em sua organização para estimular uma cultura de segurança.

Agora você terá a oportunidade de ler cada um deles de forma um pouco mais profunda e, ao final do capítulo, estabelecer algumas prioridades para sua organização de acordo com o contexto e a maturidade.

O SISTEMA DE SAÚDE E A SEGURANÇA DO PACIENTE

A complexidade do sistema de saúde se sobrepõe a qualquer outro tipo de indústria, seja pelos níveis de hierarquização do sistema, seja pela complexidade tecnológica, seja pelo número e pela qualidade dos profissionais que a integram ou pelas respostas de cada paciente ao tratamento proposto. A busca por soluções plausíveis ligadas à qualidade se torna uma importante questão de sobrevivência.

Não é incomum ouvirmos que no Brasil temos cinco países diferentes. Isso se deve às características de cada região, considerando diferenças econômicas, sociais, culturais, entre outras. Segundo o Cadastro Nacional de Estabelecimentos de Saúde (CNES)[45], atualmente, são mais de 312 mil serviços de saúde em todo o país, somando os de pequeno, médio e grande porte, bem como os de baixa, média e alta complexidade. Quando direcionamos para hospitais, atualmente são um pouco mais de 6 mil cadastrados, sendo aproximadamente 60% privados. Desses, 70% possuem menos de cem leitos.

---
[45] Disponível em: https://cnes.datasus.gov.br/. Acesso em: 13 mar. 2023.

Diante desse cenário, muitos estabelecimentos de saúde infelizmente não possuem gestão efetiva, recursos e infraestrutura adequados para a prestação da assistência segura. As lideranças, por sua vez, não têm de forma clara o propósito da organização e não conhecem de forma estruturada o perfil assistencial. Falta uma compreensão maior, por parte dos profissionais, sobre a gestão da qualidade e segurança do paciente, pois, em alguns serviços de saúde, ainda não há minimamente a identificação correta do paciente.

Em outros, encontramos uma comunicação frágil, sem utilização de métodos e técnicas adequados, com foco estratégico e organizacional. A inexistência da cultura de segurança e de um diálogo sério sobre o tema, em alguns estabelecimentos de saúde, faz com que faltem iniciativas que gerem impacto positivo no setor saúde.

Considerando o conceito referido pela Organização Mundial de Saúde (OMS)[46], saúde significa um estado de completo bem-estar físico, mental e social, e não apenas a ausência de doença ou enfermidade. Diante dessa definição, a batalha diária vai muito além de tratar a doença; diz respeito à adesão de ações preventivas ligadas aos hábitos de vida da população, além das que possam evitar os eventos adversos, ou seja, o dano ao paciente.

Contudo, precisamos mudar o comportamento e a atitude das pessoas, para que possamos forçar a mudança e a grande transformação do setor saúde, que terá como resultado a mudança de cultura. A transformação deve ser vivenciada por todas as partes interessadas do sistema de saúde, sejam elas internas ou externas.

É necessário olhar para o sistema de saúde de forma sistêmica e enxergar as redes macro e microinstitucionais, em processos extremamente dinâmicos, aos quais está associada a imagem de uma linha de produção voltada ao fluxo de assistência ao paciente. Esse sistema é alimentado por recursos, insumos e infraestrutura, que são consumidos pelos usuários durante a prestação da assistência.

Todas as partes desse sistema têm suas responsabilidades, mas a grande questão é como que elas são vistas e colocadas em prática. O profissional de segurança patrimonial se sente responsável se um paciente passar pela recepção com a pulseira de identificação e sair porta a fora da organização? O profissional assistencial, a partir do momento que visualiza um lixo no corredor da organização ou no chão do seu local de trabalho, se sente responsável por não deixar o ambiente sujo? A equipe de higiene se sente

---

[46] Disponível em: www.gov.br/saúde. Acesso em: 13 mar. 2023.

responsável pela segurança do paciente seguindo corretamente a técnica e tempo de higienização? São perguntas importantes de serem feitas para quem executa a atividade. Da mesma forma, os familiares e cuidadores se sentem parte responsável do cuidado que precisa ser dispensado ao paciente? Os órgãos reguladores, quando discutem as normas, conseguem visualizar o impacto delas no atendimento ao paciente?

Precisamos dar um passo mais certeiro e entender que o olhar precisa estar nas circunstâncias de risco, nas oportunidades de erros que precisamos reduzir a cada dia. Cada profissional deve se sentir verdadeiramente responsável pela segurança do paciente. Entender que é necessário sair da análise e investigação dos eventos adversos para a identificação das circunstâncias de risco, pois assim evitaremos o dano desnecessário aos pacientes.

A grande questão é como podemos unir as forças das mais variadas frentes para melhorar esse cenário. Atualmente são louváveis algumas iniciativas consistentes de sociedades, associações, trabalhos voluntários, organizações sem fins lucrativos, profissionais autônomos, entre outras, em prol da melhoria do setor saúde, nas quais podemos nos inspirar e fortalecer.

É necessário mais diálogo para agirmos de forma consistente com ações que possam trazer resultados mais efetivos. A sensibilização de todas as partes envolvidas e comprometidas com o setor saúde fará com que todos se responsabilizem pela sua própria segurança, pela segurança de colegas, pacientes, acompanhantes, cuidadores e familiares. Precisamos fazer com que qualidade e segurança façam parte da estratégia organizacional, sejam objetivos a serem alcançados. Que o ambiente seja confiável, transparente e seguro, onde os profissionais se sintam à vontade em falar sobre seus erros e suas preocupações! Que o cuidado passe a ser centrado nas pessoas, considerando pacientes, familiares e profissionais que atuam nos Estabelecimentos de Saúde! Que o trabalho passe a ser colaborativo e de aprendizagem constante entre todas as partes interessadas e departamentos! Que as questões de segurança do paciente possam fazer parte da agenda das reuniões sistemáticas da direção, lideranças e colaboradores e que as práticas de segurança possam estar também na seleção e contratação de profissionais no setor saúde!

OS RISCOS E AS BARREIRAS

Cada vez mais, buscamos uma gestão de riscos efetiva, pois, a partir do momento que as organizações passam a ser mais proativas para a gestão de risco, conseguem melhorar a análise deles para o alcance das estratégias, conhecer os riscos nas decisões táticas, identificar as falhas para reduzir a probabilidade de danos e custos e identificar os riscos relacionados aos direitos e deveres dos clientes.

É crucial entender o contexto em que a organização está inserida e seu perfil; ter uma estratégia clara, declarada e desdobrada para todas as partes interessadas e identificar os riscos institucionais e dos processos. Isso também perpassa por compreender a realidade da organização e da população em seu entorno, bem como os fatores internos e externos que afetam a funcionalidade da organização e de seus processos.

Com o olhar dos riscos para os processos, pode-se identificar não somente os riscos institucionais e de processos, mas também os operacionais, ambientais, assistenciais, de infraestrutura, culturais, entre outros, além de visualizar as barreiras que atualmente não têm adesão e as que precisam ser implantadas.

Para os riscos assistenciais, as medidas preventivas dos protocolos de segurança serão de grande valia e parte essencial para o gerenciamento dos riscos. Como protocolos de segurança, podemos adotar minimante:

- Identificação do paciente;
- Higiene das mãos;
- Segurança cirúrgica;
- Segurança na prescrição, uso e administração de medicamentos;
- Prevenção de quedas dos pacientes;
- Prevenção de lesão por pressão.

A cultura de qualidade segurança precisa fazer parte da cultura organizacional e promover a interação entre todas as partes, jamais intimidação ou discriminação. Isso significa o alcance da interação entre as partes, no que diz respeito ao cuidado um com o outro.

Para tornar isso uma realidade na organização, alguns elementos são cruciais, como os apresentados na imagem a seguir.

Imagem 1 – Elementos para a cultura de segurança

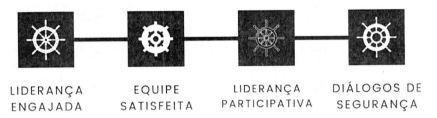

LIDERANÇA ENGAJADA   EQUIPE SATISFEITA   LIDERANÇA PARTICIPATIVA   DIÁLOGOS DE SEGURANÇA

Fonte: a autora do capítulo

A percepção da equipe sobre a qualidade vai depender exclusivamente da atuação do líder e de sua interação com a equipe.

A liderança é a mola propulsora para fomentar e levar a segurança do paciente para a prática do dia a dia. Porém, a liderança precisa ser preparada e capacitada de forma contínua. A organização precisa compreender que investir em liderança é um dos principais caminhos para uma mudança efetiva da cultura. Uma vez que a liderança é desenvolvida e preparada, ela compreende, de forma clara, o resultado que se espera do seu trabalho. Diante disso, terá condições de se engajar, envolver e comprometer a equipe, buscar um ambiente saudável a cada dia e promover, cada vez mais, os diálogos a certa da segurança.

COMO ESTRUTURAR UM SISTEMA PARA A NOTIFICAÇÃO, ANÁLISE E TRATATIVA DOS INCIDENTES?

A notificação pode ser por meio de um sistema informatizado ou manualmente. É necessário que seja de fácil acesso, com informação sigilosa e anônima, mas, ainda assim, com a opção de identificar o notificador, caso seja de interesse do registrante. Deve ser amplamente divulgada, pois é elemento relevante para o desenvolvimento da cultura da qualidade e segurança.

Deve-se disseminar os conceitos da notificação para os colaboradores, elaborar um formulário claro, simples e objetivo, definir o fluxo da notificação para que a equipe saiba onde deixar ou para onde enviar o formulário da notificação. Prazos claros devem ser estabelecidos para envio, bem como para a tratativa das notificações.

A ONA, em sua Norma Orientadora N.º 20 – Conceitos[47] para o Sistema Brasileiro de Acreditação, recomenda alguns conceitos e classificações que podem ser utilizados.

Incidente é um evento ou circunstância[48] que poderia resultar, ou resultou, em dano desnecessário para o paciente. O evento é algo que acontece ou envolve um paciente. Evento adverso é um incidente que resulta em dano para o paciente. Evento sem danos é quando um erro não resulta num evento adverso para o paciente, e a ausência de dano é devida ao acaso. Difere do *near miss*, na medida em que o dano não existe porque o erro foi detectado; ocorre um incidente que atinge o paciente, mas não resulta em nenhum dano para este. O dano é evitado por acaso ou devido a circunstâncias atenuantes do dano. *Near miss* é um incidente que não alcançou o paciente; por exemplo: uma unidade de sangue que está sendo conectada ao paciente errado, mas o erro é detectado antes de a infusão ser iniciada. Circunstância de risco é um perigo, um agente ou ação com potencial para causar dano. Importante: Todo evento é um incidente, porém nem todo o incidente é um evento.

Para estruturar o formulário, podem ser contemplados minimamente os itens a seguir, de acordo com a realidade da organização:

- Tipo de notificação;
- Data e hora do incidente;
- Local do incidente;
- Nome do incidente;
- Relato do incidente (descritivo se possível);
- Avaliação dos fatores contribuintes, caso seja possível.

Como formas de disseminação do fluxo de notificação destacamos:

- Jogos interativos com os conceitos;
- Apresentação com posterior simulação dos conceitos;
- Cartilhas e materiais visuais enviados por e-mail e disponibilizados aos colaboradores;

---

[47] ORGANIZAÇÃO NACIONAL DE ACREDITAÇÃO. **Norma Orientadora N.º 20 – Conceitos** para o Sistema Brasileiro de Acreditação. São Paulo: ONA, 2022.
[48] WORLD HEALTH ORGANIZATION. **International Classification for Patient Safety**. Final Technical Report. [*S. l.*]:WHO, 2009.

- Acompanhamento diário nos setores para apoio na identificação das potenciais falhas.

Os prazos precisam ser definidos tanto para o envio do registro como para a tratativa. Veja um exemplo a seguir.

Imagem 2 – Prazos para registro e tratativa das notificações

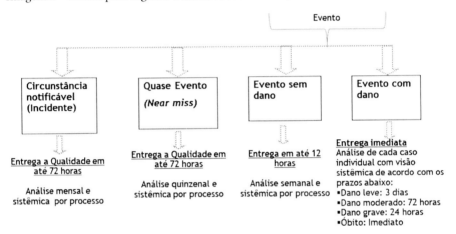

Fonte: a autora do capítulo

Como ferramentas sugeridas para identificação das causas, pode ser utilizada a Espinha de Peixe; para definição das ações, o 5W2H.

Uma vez registradas as notificações, é importante que as etapas a seguir sejam realizadas para que haja o encerramento. Os prazos listados na Imagem 2 são exemplos de como podemos trabalhar cada tipo de registro, considerando tanto o recebimento do registro como a tratativa.

Algumas etapas são importantes a partir do recebimento do registro, como:

1. Avaliação do registro para identificar se está completo ou não;
2. Classificação do incidente;
3. Dependendo da diretriz institucional, alguns incidentes precisarão de uma investigação;
4. Análise de causa do incidente;
5. Ações para eliminar ou mitigar o incidente;

6. Envolvimento das partes interessadas nas etapas, como líderes de processos, colaboradores, pacientes e familiares;
7. Comunicação do incidente às partes interessadas. A comunicação aos pacientes e familiares precisa ser estruturada e ter uma sistemática definida na organização;
8. Cuidado com os colaboradores envolvidos, lembrando sempre a segunda vítima;
9. Acompanhamento periódico das ações definidas para que não sejam esquecidas diante de tantas demandas da rotina.

Dependendo da estrutura da organização, pode ser que haja uma pessoa responsável por gerenciar todas as etapas citadas, ou um escritório da qualidade e um núcleo de segurança estruturado, ou. ainda. um comitê que atue de forma sistemática.

Independentemente da estrutura, é crucial que haja uma sistemática que contemple desde o recebimento do registro até o fechamento do incidente.

A partir dessa sistemática, as oportunidades de mudança de cultura e ações de melhoria serão inúmeras. O ponto relevante aqui é buscar a aprendizagem contínua, as lições aprendidas a cada etapa realizada, a cultura justa e a melhoria contínua dos processos e da organização como um todo.

APRENDENDO COM OS ERROS

Tudo perpassa por um processo de mudança de cultura. A cultura é a maneira como as coisas são feitas na organização. É a alma da organização expressa em crenças e valores e como eles se manifestam. A mudança de cultura é a passagem de um estado para outro, é o respeito entre as partes, o cuidado um com o outro. Devem-se instituir ações que promovam interação entre todas as partes, jamais intimidação ou discriminação.

Quando falamos da passagem de um estado para outro, nos referimos primeiramente às forças favoráveis, que são de inovação, criatividade, vontade de melhorar e desejo de mudar. O outro estado é o que chamamos de forças desfavoráveis, que são de desconforto, vontade de voltar ao que era antes, voltar à rotina e às velhas ideias.

Imagem 3 – Forças favoráveis e forças desfavoráveis

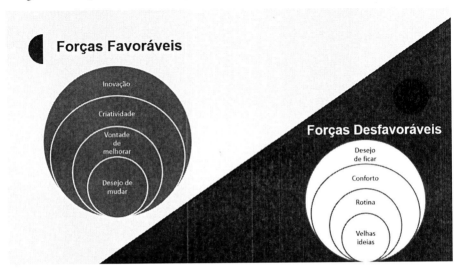

Fonte: Prestes, Lolato e Cirino (2021, p. 140)

Para que a mudança de cultura aconteça de forma consistente, é necessário que haja atitude diferente e mudança de comportamento. Porém, sabemos que mudanças de atitude, ou de comportamento, não acontecem do dia para a noite, podem levar semanas, meses ou até anos. Contudo, o caminho pode se tornar mais leve se compreendermos as forças favoráveis e desfavoráveis, pois assim podemos minimizar o impacto e acelerar a mudança de cultura de forma consistente.

Alguns fatores são críticos de sucesso para que essa mudança aconteça, como: engajamento da equipe, trabalho colaborativo, liderança participativa, transparência, segurança psicológica com espaços para compartilhar ideias, preocupações, sugestões e perguntas, diálogos de segurança, equipe satisfeita, ambiente de trabalho que será aprimorado a cada dia por uma liderança consistente, comunicação certeira que conectará todos na organização, entre outros.

As ações para a mudança de cultura podem ser definidas na alta administração, organizadas e desdobradas pelas lideranças para que sejam percebidas até a ponta. A percepção da equipe sobre a mudança de cultura vai depender principalmente da atuação do líder e de sua interação com a equipe.

Dessa forma, transformaremos a organização com uma cultura justa, que será percebida por todas as partes interessadas.

O QUE APRENDEMOS NESTE CAPÍTULO?

Aprendemos neste capítulo sobre:

- Sistema de saúde;
- Segurança do paciente;
- Redução de falhas;
- Sistema de notificação;
- Mudança de cultura.

Agora é hora de colocarmos em prática todo o aprendizado por meio da estruturação de um plano de trabalho para a segurança do paciente.

REFERÊNCIAS

ORGANIZAÇÃO NACIONAL DE ACREDITAÇÃO. **Norma Orientadora N.º 20** – Conceitos para o Sistema Brasileiro de Acreditação. São Paulo: ONA, 2022.

PRESTES, A.; LOLATO, G.; CIRINO, J. A. **Estratégias para Acreditação em Serviços de Saúde**. Curitiba: Appris, 2021.

WORLD HEALTH ORGANIZATION. **International Classification for Patient Safety**. Final Technical Report. [S. l.]: WHO, 2009.

CAPÍTULO 8

GERENCIAMENTO DAS COMISSÕES

J. Antônio Cirino

SOBRE O QUE VAMOS CONVERSAR

Neste capítulo vamos abordar o propósito das comissões, sua documentação, composição e regimento. Trataremos da importância da capacitação dos membros e da definição clara de suas atribuições, além de como realizar a comunicação, o gerenciamento e a interação entre as comissões, e sua conexão com os canais de melhoria.

COMISSÕES COMO GRUPOS ATIVOS DE MELHORIA

As comissões surgiram em atenção às necessidades legais e sanitárias para a fiscalização e o acompanhamento de temas essenciais para os serviços de saúde, como o controle de infecção, a verificação de óbitos, a revisão de prontuários, a prevenção de acidentes de trabalho, entre outras abordagens.

Uma linha central que unifica o propósito desses grupos multidisciplinares é o gerenciamento de riscos, visto que cada comissão é focada em um tema. É por isso que as comissões são grupos ativos de melhoria: são vocacionadas para a prevenção, com base em uma visão prospectiva do que poderia acontecer e/ou para o olhar retrospectivo quanto às falhas já ocorridas.

Devemos enxergar as comissões como oportunidades para reunir profissionais de diversas formações e experiências partilhando o objetivo comum de promover uma análise crítica e propor melhorias aos processos. Em alguns casos, conduzir projetos de melhoria e ações que impactarão toda a organização.

Para a configuração das comissões nas unidades de saúde, podemos entendê-las em pelo menos duas categorias aqui sugeridas:

- Obrigatórias – são exigidas por legislação, por força de contratos ou acordos estabelecidos para a unidade de saúde. Independentemente dos caminhos ou da natureza da organização, serão implantadas para a conformidade ao que for exigido do serviço;

- Estratégicas – não obrigatórias, mas essenciais para a atuação da organização; voltadas à entrega de valor aos clientes internos ou externos e à melhoria contínua dos processos.

A escolha por nominar as comissões não obrigatórias como "estratégicas" tem o foco de evitar a criação excessiva de comissões. É pertinente para fortalecer uma cultura de estruturação desses grupos que foque somente autorizar a criação daquelas que são essenciais, evitando comissões em demasia ou desnecessárias para os objetivos estratégicos da unidade de saúde.

> A existência de comissões se revela como importante estratégia para a melhoria contínua nos serviços de saúde, por subsidiar informação e apoio à alta gestão no que tange à não conformidades, deveres, gestão de riscos, orientações e implantação de protocolos que possam provocar resultados que reflitam positivamente na imagem institucional. As comissões colaboram para a mudança da cultura de segurança do paciente, no que tange ao suporte para a implantação de ações, tais como definição de protocolos e diretrizes para boas práticas organizacionais.[49]

Nesse sentido, podemos condensar alguns pontos que formam o propósito das comissões para o setor saúde:

- Alinhar, em nível multidisciplinar, as recomendações sobre determinadas áreas e temas na organização;
- Contribuir com o gerenciamento de riscos e a prevenção de falhas da unidade;
- Auxiliar na educação continuada sobre os temas que lhe concernem;
- Propor divulgações e sensibilizações para o público interno e externo para a educação em saúde;
- Estruturar planos de ação e projetos de melhoria sobre as falhas identificadas ou assuntos que ainda exigem implantação;
- Conectar as comissões com as fontes de melhoria (auditorias, ouvidoria, notificação de eventos adversos etc.) da organização para que haja mudanças positivas, sustentáveis e integradas.

---

[49] AFONSO, T. C.; CIRINO, J. A. F. De onde vêm as melhorias? *In*: CIRINO, J. A. F.; PRESTES, A.; LOLATO, G. **Estratégias para a Acreditação dos Serviços de Saúde**. Curitiba: Appris, 2021. p. 114.

Do ponto de vista de estrutura hierárquica visualizada em organograma, é comum que as comissões, considerando as próprias resoluções e regulamentações, estejam diretamente ligadas ao cargo mais alto da organização, geralmente diretoria-geral ou superintendência executiva. Isso pode assegurar uma deliberação direta dos temas essenciais.

Mesmo nesse cenário, ainda podem ser atribuídos outros diretores e gerentes que apadrinham as comissões ou outros profissionais designados a orientar e facilitar as atividades da comissão dentro do serviço de saúde. É fundamental compreender a inserção sistêmica das comissões e a importância delas para a alta direção realizar a gestão da unidade.

IMPLANTANDO O GERENCIAMENTO DAS COMISSÕES

Tanto para a unidade já tenha comissões instituídas quanto para a que ainda esteja iniciando sua estruturação, propomos um fluxo com orientações pertinentes para os variados cenários, visando contribuir com a melhoria da efetividade dessa atividade nas organizações de saúde.

Figura 1 – Fluxo de implantação do gerenciamento das comissões

Planejamento das comissões → Diagnóstico atual e levantamento de necessidades → Definição de padrões de documentos e funcionamento → Capacitação dos envolvidos → Atualização/instituição das comissões → Divulgação das comissões → Estabelecimento de interação entre comissões → Gerenciamento e monitoramento das comissões → Revisão do fluxo

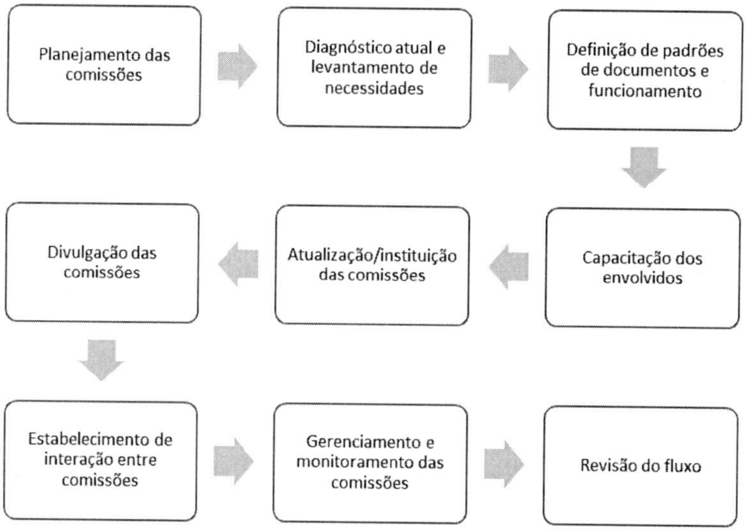

Fonte: o autor do capítulo

Detalhamos a seguir algumas dicas que não exaurem as possibilidades, mas que apresentam caminhos e reflexões para a gestão das comissões em serviços de saúde.

PLANEJAMENTO DAS COMISSÕES

É crucial compreendermos o plano completo relacionado ao gerenciamento das comissões[50] para que cada passo dado tenha um foco e resultado específico, podendo ser em curto, médio ou longo prazo, a depender das prioridades do serviço de saúde. Destaca-se que esse não é o planejamento de atividades de cada comissão, e sim o planejamento geral de como atuar com comissões.

Para esse planejamento, apresentamos algumas reflexões importantes:

- Quais comissões já estão instituídas e quais ainda precisam ser estruturadas para o cumprimento da legislação ou para auxiliar nos caminhos estratégicos?
- Quais serão os padrões para a documentação de instalação e funcionamento das comissões?
- Quais profissionais serão capacitados para a gestão das comissões e quais temas precisam ser compartilhar com eles?
- Como serão atualizadas/instituídas as comissões? Haverá um momento dedicado a todas ou uma reunião para tratar do propósito de cada?
- Será estabelecido um plano de comunicação para divulgar as comissões e seus temas?
- Quais comissões devem interagir entre si e quais os produtos esperados dessa conexão?
- Quais serão os mecanismos de gerenciamento e monitoramento dos resultados das comissões?
- De quanto em quanto tempo haverá a revisão do fluxo das comissões para propor melhorias?

Após a compreensão desses pontos, é possível continuar a caminhada para a estruturação das próximas etapas.

---

[50] PRESTES, A.; ROBERTI, I. P. Por onde começar. *In*: CIRINO, J. A. F.; PRESTES, A; LOLATO, G. **Estratégias para a Acreditação dos Serviços de Saúde**. Curitiba: Appris, 2021.

DIAGNÓSTICO ATUAL E LEVANTAMENTO DE NECESSIDADES

Nessa etapa é crucial compreender quais comissões já estão instituídas e quais ainda não estão, mas são necessárias. Além disso, deve-se verificar quais poderiam ser instituídas de forma estratégica para auxiliar na condução de temas essenciais para a unidade de saúde.

Algumas das comissões presentes nos serviços são:

- Comissão de Acidentes com Materiais Biológicos;
- Comissão de Análise e Revisão de Prontuários;
- Comissão de Bioética;
- Comissão de Biossegurança;
- Comissão de *Compliance*;
- Comissão de Controle de Infecções Relacionadas à Assistência à Saúde;
- Comissão de Documentação e Estatística;
- Comissão de Ética de cada profissão;
- Comissão de Ética em Pesquisa;
- Comissão de Ética Organizacional;
- Comissão de Experiência do Paciente;
- Comissão de Farmacoterapia;
- Comissão de Gerenciamento de Resíduos dos Serviços de Saúde;
- Comissão de Mortalidade Materna e Neonatal;
- Comissão de Padronização de Produtos para Saúde;
- Comissão de Processamento de Produtos para Saúde;
- Comissão de Proteção Radiológica;
- Comissão de Qualidade;
- Comissão de Residências em Saúde;
- Comissão de Segurança da Informação;
- Comissão de Sustentabilidade;
- Comissão de Verificação de Óbitos;

- Comissão Interna de Prevenção de Acidentes;
- Comissão Intra-Hospitalar de Doação de Órgãos e Tecidos para Transplantes;
- Comitê Transfusional;
- Núcleo de Segurança do Paciente;
- Equipe Multiprofissional de Terapia Nutricional.

Em algumas organizações, os temas relacionados às comissões são agrupados e tratados em conjunto para otimizar recursos humanos e de tempo, visando discutir melhorias para todos. Quando não é possível, por força de contrato ou padrão da organização, recomenda-se a análise da real necessidade daquela nova comissão. Sugerimos que seja instituído um fluxo próprio de aprovação da criação desse comitê, seus membros e seu objetivo, com análise contínua da pertinência da manutenção.

DEFINIÇÃO DE PADRÕES DE DOCUMENTOS E FUNCIONAMENTO

Para que a gestão das comissões seja realizada de forma adequada, é preciso padronizar alguns documentos e o funcionamento geral delas, para que haja orientações pacificadas para todos. Visando auxiliar os serviços de saúde, desenhamos algumas recomendações para esse instrumental.

- Adesão: um formulário de convite para os membros da comissão, assinado pelo profissional, por seu líder e pelo responsável pela gestão das comissões, para validar a participação, as atribuições e as horas que serão dedicadas a essa atividade, bem como reforçar a confidencialidade das informações tramitadas;

- Instalação: a unidade precisa ter um modelo de ato/portaria/comunicado interno, ou seja, um documento que verse sobre a instituição da comissão, mencionando, minimamente, o objetivo do grupo, os membros, a presidência, a vice-presidência e o secretariado, quando aplicável;

- Plano: cada comissão pode ser orientada a construir um plano de trabalho, com um modelo estruturado informando o diagnóstico atual, os objetivos para o próximo período (semestral/anual), as ações/estratégias a serem realizadas, os investimentos necessários e outros tópicos que a organização quiser padronizar;

- Registro: para que as reuniões das comissões tenham registros adequados, é crucial a padronização de um modelo de ata que possa guiar os grupos para a formalização das informações essenciais para a continuidade das atividades, contendo os participantes, pendências das últimas reuniões, desenvolvimento da reunião atual e possíveis deliberações sintetizadas, bem como os planos de ação;

- Transparência: também pode ser estruturado um modelo de relatório, em que constem as ações realizadas no período (mensal, trimestral, semestral ou anual) para que as comissões façam os lançamentos do que foi empreendido, a partir do planejado, os principais resultados, as estatísticas e os indicadores etc.

Padronizando essa documentação, será possível dar uma base para a execução das atividades das comissões. Para completar, é preciso orientá-las quanto a:

- composição – Quais membros são necessários para cada comissão? Quais cadeiras são exclusivas para áreas específicas?

- atribuições – Quais as atribuições padrão para a função de presidente, vice-presidente, secretário e demais membros? Como será realizado o monitoramento do desempenho dos participantes?

- periodicidade – De quanto em quanto tempo, serão realizadas as reuniões ordinárias? Quais são os critérios para convocar reuniões extraordinárias?

- escopo – Quais as limitações de atuação dessa comissão, considerando outros setores e comissões?

- padronização – Será realizado um mapeamento dos fluxos dessa comissão? Quais os indicadores serão usados para medir seus resultados? Serão identificados os riscos envolvendo as atividades dessa comissão? Existirão contratos de interação dessa comissão com outros processos e comissões?

Essas perguntas auxiliarão na definição do funcionamento ideal das comissões para a unidade de saúde, por isso é importante provocar uma reflexão com a equipe envolvida sobre cada ponto, entendendo também as exceções possíveis. É crucial que toda a padronização dos documentos relacionados às comissões esteja alinhada com o sistema de gestão da qualidade da organização para evitar retrabalho ou duplicidade.

CAPACITAÇÃO DOS ENVOLVIDOS

De posse do pacote de orientações e documentos que foram padronizados, podem ser agendadas as capacitações, considerando os seguintes públicos:

a. equipe que fará a gestão das comissões;

b. membros das comissões;

c. presidentes, vice-presidentes e secretários;

d. líderes que serão facilitadores/mediadores das comissões;

e. líderes de todos os processos.

O foco desses treinamentos, divididos em grupos, é orientar cada membro sobre o uso da documentação, como lidar com as comissões, os resultados esperados e o envolvimento desses grupos em seus processos.

Recomenda-se que seja realizada uma formação síncrona, presencial ou remota, e a gravação de tutoriais assíncronos que auxiliem no preenchimento da documentação e na atuação diária dos membros das comissões, em um formato de "introdutório" para cada perfil.

ATUALIZAÇÃO/INSTITUIÇÃO DAS COMISSÕES

Depois da decisão de quais comissões devem existir na unidade de saúde, é hora de atualizar as que precisam de mudanças, instituir as novas que foram estabelecidas e, em alguns casos, descontinuar as que não fazem mais sentido para atuação na organização.

A realização de um evento apresentando a estrutura de comissões e o que foi pensado para cada uma pode ser uma boa solução para fortalecer a importância do tema e conquistar o engajamento dos envolvidos. Nesse momento, uma fala da alta direção, fazendo os acordos necessários e explanando sobre os resultados esperados, contribuirá para o andamento da implantação.

DIVULGAÇÃO DAS COMISSÕES

Para que as comissões tenham maior efetividade na execução das atividades, é importante construir um plano de comunicação que contemple a sensibilização sobre o propósito desses grupos e um calendário contínuo para fortalecer a educação em saúde quanto aos temas inerentes a cada comitê.

Essa divulgação deve seguir o propósito principal de orientar e educar os envolvidos para que saibam lidar com as comissões, buscar maior adesão aos projetos e ações e engajamento para o alcance dos resultados almejados.

ESTABELECIMENTO DE INTERAÇÃO ENTRE COMISSÕES

Uma das premissas essenciais para o gerenciamento das comissões é promover a interação entre elas, para a maximização dos resultados de qualidade e segurança com a associação entre dois ou mais times. Para essa interação, sugere-se orquestrar momentos padronizados de convivência e troca de informações, em reuniões e workshops pré-agendados com temas comuns para serem trabalhados entre as comissões.

Outra possibilidade é prever os processos e fluxos inter-relacionados e padronizar a documentação própria para os contratos de interação: quais informações devem fluir entre as comissões? Quais têm maior afinidade entre si? Essas são questões essenciais para serem visualizadas e instrumentalizadas.

Ter membros que integram mais de uma comissão pode ser benéfico visando a essa interação que será realizada por um representante misto entre os grupos, ou seja, uma pessoa que faz parte de várias comissões. Isso precisa ser clarificado como atribuição do profissional, e esse tema sempre acionado durante as reuniões para fortalecer sua missão de aliança entre as comissões, pedindo ao profissional que faça essa análise interdisciplinar entre os temas de diferentes grupos.

GERENCIAMENTO E MONITORAMENTO DAS COMISSÕES

Quando as comissões já estiverem implementadas, é possível seguir para uma nova fase: gerenciamento e monitoramento de seus resultados. O gerenciamento pode ser realizado de várias formas, aqui recomendamos algumas mais comuns:

- Indicadores – acompanhar os resultados e as métricas das atividades inerentes às comissões da unidade de saúde;
- Notificações – verificar os canais de notificação sobre os temas que envolvem as comissões e suas melhorias na prevenção de riscos;
- Auditorias – acompanhar os requisitos que têm relação com as comissões e seu grau de conformidade;

- Produção – monitorar o quantitativo da produção de resultados dessas comissões com base nos produtos planejados para elas.

Para cada comissão, poderá ser planejado um diferente formato de gerenciamento; o segredo é coletar, de forma adequada, as melhores formas de acompanhar os frutos desse grupo multidisciplinar para instituir as melhorias cabíveis. De posse das informações de gerenciamento, deve-se proporcionar, por meio das ferramentas da qualidade, as análises e o planejamento de mudanças positivas pertinentes para o alcance dos resultados almejados.

REVISÃO DO FLUXO

Assim como os demais fluxos da unidade de saúde, esse também requer um olhar voltado à revisão contínua. Ao término do primeiro ciclo de monitoramento dos dados das comissões, é importante proporcionar reflexões sobre todas as etapas de instituição e gerenciamento dos grupos multidisciplinares para a melhoria da segurança da organização.

Nessa análise, verifique se as metas foram atingidas, se todos estão cumprindo os padrões preconizados, se estão construindo relatórios de transparência, se estão realizando as interações necessárias e o mais importante, se o processo educativo e de melhoria contínua está sendo realizado.

MODELOS PARA COMISSÕES

Agora que você já sabe implantar e implementar a gestão das comissões, recomendamos alguns modelos que podem ser usados para essas ações.

Formulários

Adesão à comissão

Esse formulário pode contribuir para o convite e a aprovação da convocação de novos membros para as comissões.

Quadro 1 – Modelo de formulário para adesão à comissão

Comissão:	
Nome do profissional convidado:	
Líder do profissional convidado:	
Horas que serão dedicadas à comissão:	
Atribuições do profissional na comissão:	
Assinatura dos envolvidos:	

Fonte: o autor do capítulo

Registro de reuniões e andamentos

Nesse formulário, recomendamos uma estrutura mínima que poderá compor o registro das reuniões e o andamento das comissões.

Quadro 2 – Formulário para registro das reuniões e andamentos

Data:	
Horário:	
Local:	
Participantes e assinatura	
Pendências de outras reuniões	
Desenvolvimento da reunião	
Deliberações/síntese	

Fonte: o autor do capítulo

Por meio dessa estrutura de documentação, teremos um processo mais seguro e rastreável na organização quanto às comissões.

JUNTOS SOMOS MAIS FORTES!

A premissa básica das comissões é justamente o trabalho conjunto das equipes para obter melhores resultados. A conexão entre diferentes profissões, em um mesmo grupo, para discutir temas em comum, contribui diretamente com o desenvolvimento de um novo olhar para a unidade de saúde. É essencial realizar ações para integrar os envolvidos e esclarecer o real objetivo de uma comissão: potencializar ações voltadas à prevenção de riscos e à obtenção da melhoria da qualidade dos procedimentos.

Uma organização que tem comissões fortes possui ciclos de melhoria bem definidos e a consciência da sua busca pelos melhores resultados possíveis. Precisamos mudar nosso olhar para as comissões, assumindo-as como a estratégia de fazer juntos a melhoria contínua por todas as partes interessadas.

Os resultados alcançados, além de trazer a melhoria contínua, nos trarão a resposta se de fato o objetivo da comissão está sendo atingido. Essa reflexão vale muito, inclusive para o redesenho das estratégias da organização, por meio do olhar das comissões.

REFERÊNCIAS

AFONSO, T. C.; CIRINO, J. A. F. De onde vêm as melhorias? *In*: CIRINO, J. A. F.; PRESTES, A.; LOLATO, G. **Estratégias para a Acreditação dos Serviços de Saúde**. Curitiba: Appris, 2021.

PRESTES, A.; ROBERTI, I. P. Por onde começar. *In*: CIRINO, J. A. F.; PRESTES, A.; LOLATO, G. **Estratégias para a Acreditação dos Serviços de Saúde**. Curitiba: Appris, 2021.

CAPÍTULO 9

APLICANDO AS FERRAMENTAS DA QUALIDADE

Andréa Prestes

SOBRE O QUE VAMOS CONVERSAR

Vamos conversar sobre as principais ferramentas da qualidade e como elas impactam nos resultados da gestão. Falaremos sobre como escolher a ferramenta certa para diferentes objetivos. Trataremos ainda sobre a necessidade de preparar os colaboradores para utilização das ferramentas da qualidade.

AS FERRAMENTAS DA QUALIDADE E A GESTÃO

Melhorar a qualidade dos serviços de saúde é tema recorrente em âmbito mundial. Entregar à população cuidados seguros é um norte necessário no dia a dia dos profissionais que atuam no segmento. A gestão das organizações de saúde deve ser preparada para fazer frente às necessidades da administração existente em qualquer segmento de atuação e, além delas, promover formas de garantir que o serviço prestado esteja dentro de parâmetros de qualidade e segurança e demais necessidades do paciente-cliente.

A busca por oportunidades de melhoria da qualidade dos processos deve ser parte do dia a dia da gestão em saúde, bem como aumentar a capacidade produtiva, minimizar custos operacionais, buscar a estabilidade financeira e atender às expectativas dos pacientes-clientes. É nesse âmbito que as ferramentas da qualidade aparecem como suporte para a condução dos trabalhos para a gestão da qualidade. Elas podem ser utilizadas desde a identificação de problemas e oportunidades de melhoria até a apresentação de maneiras para a operacionalização e implantação de incrementos nos processos que oportunizarão melhores resultados.

A gestão da qualidade em saúde perpassa pela condução sistêmica de todas as esferas do cuidado, por meio da promoção de boas práticas, ordenadas em um sistema capaz de congregar e fomentar o uso de ferramentas adequadas à realidade institucional, para a promoção de melhorias sustentáveis.[51]

---

[51] PRESTES, A. Gestão da Qualidade. *In*: RUGGIERO, A. M.; LOLATO, G. (org.). **A jornada da Acreditação**: série 20 anos. São Paulo: ONA, 2020.

Uma intervenção de melhoria da qualidade pode ser definida como uma estratégia organizacional que se subsidia o levantamento, a análise, o processamento dos dados dos processos e os resultados para a estruturação e destinação de esforços sistemáticos para melhorar o desempenho.[52]

FERRAMENTAS DA QUALIDADE: QUAIS USAR?

No âmbito da gestão da qualidade, há um rol de ferramentas disponíveis para o trabalho da melhoria da qualidade. Algumas são mais utilizadas pelos profissionais nas instituições de saúde, principalmente devido ao fato de não possuírem grande complexidade associada ao seu uso. Como exemplo citamos: PDSA, planos de ação, checklist, Diagrama de Pareto, Diagrama de Ishikawa, 5 Porquês, entre outras.

É comum que, em algumas instituições, haja dúvidas sobre a escolha de quais ferramentas padronizar em sua gestão da qualidade. É importante que seja avaliado o tipo de ferramenta para o objetivo que se pretende, uma vez que não existe ferramenta melhor ou pior, e sim aquela que melhor se adapta à situação.

É recomendado o uso combinado de ferramentas da qualidade para que as conclusões sejam mais bem substanciadas e os projetos de melhoria obtenham sucesso. Um equívoco comum é ir direto ao teste de novas formas de trabalho sem investir tempo suficiente no aprendizado e na apropriação do que compõe as ferramentas, sejam elas para a compreensão sobre a causa do problema ou para conduzir a implantação de soluções.[53]

No quadro a seguir, apresentamos algumas ferramentas da qualidade utilizadas por instituições de saúde, categorizadas por recomendação de uso.[54] É importante ressaltar que essas ferramentas são apenas algumas das existentes. Cabe à organização de saúde analisar e compreender quais são aplicáveis à sua realidade e, quando necessário, buscar outras que possam complementá-las.

---

[52] WORLD HEALTH ORGANIZATION. **Improving the quality of health services - tools and resources**. Genva: WHO, 2018.
[53] Healthcare Quality Improvement Partnership. **A guide to quality improvement tools**. London: HQIP, 2020.
[54] *Idem.*

Quadro 1 – Recomendação de uso para os tipos de ferramentas da qualidade

Medir o cuidado em relação aos padrões e requisitos estabelecidos	Entender a causa do problema	Planejar e testar projetos de melhoria	Promover a mudança na prática
• Auditorias (clínica e não clínica) • Controle estatístico de processos • Benchmarking de desempenho • Checklist de verificação	• Mapeamento de processos • Análise de causa raiz	• Modelos de melhoria • PDSA • Ferramentas do Lean Healthcare	• Inovações tecnológicas • Ferramenta de comunicação SBAR • Plano de Ação

Fonte: adaptado de HQIP (2020)

Como podemos observar no Quadro 1, existem diversas categorias por tipo de objetivo que se pretende tratar; associada a essas tipologias, encontra-se uma diversidade de ferramentas que podem ser escolhidas.

Os quadros a seguir apresentam sugestões de ferramentas, quando usar, como usar e exemplos de situações para o uso. O Quadro 2 contempla as ferramentas para medir o cuidado em relação aos padrões e requisitos estabelecidos.

Quadro 2 – Ferramentas para medir o cuidado em relação aos padrões e requisitos estabelecidos

\multicolumn{4}{c}{Medir o cuidado em relação aos padrões e requisitos estabelecidos}
Ferramenta	Quando usar	Como usar	Exemplo de situação para o uso
Auditorias (clínicas e não clínicas)	Para evidenciar se os padrões e requisitos clínicos e não clínicos estabelecidos pela organização estão sendo seguidos.	Inicialmente é necessário definir quais padrões e requisitos de qualidade e segurança serão seguidos pela instituição. Em seguida, é preciso criar uma sistemática que oriente a execução das avaliações in loco, buscando as evidências e registrando em documentos de acompanhamento padronizado e específicos para essa finalidade. Posteriormente deverão ser levantados os desvios, compilados em relatório, apresentado aos envolvidos e responsáveis; além disso, devem ser criados planos de melhorias.	• Auditoria de riscos • Auditoria contábil e financeira • Auditoria de processos
Controle estatístico de processos (CEP)	Para avaliar se algum processo está apresentando variabilidade com base nos parâmetros pré-definidos. A análise da variação permite a identificação de deficiências no processo comparando com o parâmetro definido.	O Controle Estatístico de Processo (CEP) é baseado em estatísticas para monitorar e controlar um processo, seguindo a qualidade estipulada. Pode ser aplicado a qualquer processo em que é possível realizar a medição das saídas. Envolve o uso de registros das medições (manuais ou de sistemas de informação) e gráficos de controle. Os desvios encontrados serão pontos de estudos para o entendimento das causas da variação, para os ajustes do processo e monitoramento sequencial e para avaliar se as modificações realizadas reduziram a variação.	• Monitorar o tempo médio de espera de pacientes na urgência • Monitorar o tempo médio de espera no ambulatório de especialidade • Acompanhar a taxa de ocupação hospitalar.

Ferramenta	Medir o cuidado em relação aos padrões e requisitos estabelecidos		
	Quando usar	Como usar	Exemplo de situação para o uso
Benchmarking de desempenho	Para comparar os resultados atingidos pela instituição de saúde aos de outras organizações do mesmo perfil. Para impulsionar a melhoria da qualidade com o maior engajamento dos colaboradores para o atingimento ou manutenção das metas estabelecidas e estimular a adoção de melhores práticas.	Mais fácil de ser executado quando baseado em indicadores. É necessário estabelecer quais indicadores serão alvo de comparação e quais períodos serão estudados. Podem ser realizadas buscas em domínios públicos que registram os principais indicadores das instituições de saúde, por meio dos quais é possível realizar o comparativo. Importante observar que os parâmetros dos indicadores devem ser os mesmos para que a análise comparativa não apresente viés de interpretação.	• Comparar tempo médio de permanência • Comparar a taxa de reoperação • Comparar o Net Promoter Score (NPS).
Checklist de verificação	Para garantir que todos os controles, medidas e ações requeridas para a execução de uma atividade sejam realizados. As verificações realizadas por meio de lista com pontos de atenção padronizados têm o intuito de evitar a ocorrência de falhas de execução e assegurar que os itens checados viabilizem uma entrega com segurança e qualidade definida.	A partir de uma relação de atributos ou etapas que precisam ser garantidas para a realização de uma atividade ou durante todo o processo, deve ser criado um checklist com a ordem em que os pontos necessitam ser conferidos. Para embasar esse desenvolvimento, podem ser usadas legislações, boas práticas, *guidelines*, normas, consenso entre profissionais com experiência etc. "Geralmente, os itens críticos são verificados por um membro da equipe na presença de outros membros em voz alta. Na folha de verificação são anotados como checados cada um dos itens importantes verificados e implementados."[55] Os checklist devem ser claros e concisos.	• Checklist de cirurgia segura. • Checklist de fechamento de folha de pagamento de pessoal. • Checklist da alta hospitalar • Checklist do prontuário do paciente.

Fonte: a autora do capítulo

---

[55] RIPPEL, A. Ferramentas de gestão da qualidade. In: RUGGIERO, A. M.; LOLATO, G. (org.). **A jornada da Acreditação**: Série 20 anos. São Paulo: ONA, 2020.

O Quadro 3 demonstra as ferramentas para entender a causa do problema.

Quadro 3 – Ferramentas para entender a causa do problema

Ferramenta	Entender a causa do problema		
	Quando usar	Como usar	Exemplo de situação para o uso
Mapeamento de processos	Para "[...] mapear a jornada das pessoas que utilizam os serviços (paciente) e identificar as oportunidades de melhoria da qualidade."[56] Para identificar os problemas que estão impactando o resultado do processo e que não são visualizados pelos profissionais envolvidos.	O escopo do processo e os principais pontos são definidos, listados e organizados em passos sequenciais para a criação de um mapa detalhado. Por meio de uma visão mais ampliada do processo, os participantes poderão analisar e expor a forma com que o processo acontece na prática, bem como sugerir adaptações para o desenvolvimento de melhorias necessárias.	• Falhas no processo de admissão do paciente. • Problemas na falta de marcação de lateralidade cirúrgica. • Pacientes com "dieta zero" recebem alimentação equivocadamente.
5 Porquês	Especialmente indicada para problemas de poucas variáveis. Estrutura-se com base em perguntas e respostas para identificar o que aconteceu; entender os motivos do problema; compreender o que pode ser feito para evitar que se repita. Quando os problemas se tornam mais complexos, outros fatores devem ser analisados, não sendo suficiente apenas essa ferramenta.	O primeiro passo é a definição do problema. Em seguida, a primeira pergunta pode ser realizada para a equipe com base na formulação do problema. A resposta constituirá a próxima pergunta, e assim sucessivamente até que o motivo originário do problema seja encontrado.	• Para identificar o motivo de atraso na administração de medicamento aos pacientes. • Para identificar o motivo de glosas do faturamento itens específicos pelos planos de saúde. • Para avaliar atrasos de cirurgias.

---

[56] HEALTHCARE QUALITY IMPROVEMENT PARTNERSHIP, 2020, p. 13.

Ferramenta	Entender a causa do problema		
	Quando usar	Como usar	Exemplo de situação para o uso
Diagrama de Ishikawa	Para classificar os variados fatores que possam ser a causa do problema. Seu formato de "espinha de peixe" possibilita o agrupamento e a visualização de várias causas que podem ser consideradas a origem de um problema ou de uma oportunidade de melhoria, bem como seus efeitos sobre o problema ou resultado.	A partir da especificação objetiva do problema que será analisado, começam as análises de todos os fatores que podem ser a causa raiz. Os 6 "M" que compõem o diagrama de Ishikawa: método, máquina, medida, meio ambiente, material e mão de obra. A partir deles, os questionamentos são feitos à equipe participante. Todos os pontos citados são anotados na parte correspondente, até que sejam esgotadas as possibilidades, uma análise conjunta seja construída, e a causa raiz identificada.	• Para identificar os motivos que ocasionam maior tempo de permanência dos pacientes internados. • Identificar as causas de acidentes de trabalho. • Identificar os motivos de glosas no faturamento das contas hospitalares.
Diagrama de Pareto	Para identificar e selecionar itens responsáveis por causar um grande efeito nos processos. Seu conceito 80/20 refere que 80% dos resultados são causados por 20% dos fatores e que 80% dos problemas são resolvidos com o tratamento de 20% das causas.	A partir da definição de um objetivo de análise, é preciso reunir os problemas em uma lista. São necessários dados da ocorrência dos problemas relacionados para que sejam organizados em ordem decrescente (da maior quantidade de incidência do problema para a menor). Totaliza-se a coluna com os quantitativos de problemas, e calcula-se o percentual que cada motivo detém do global. Deve-se usar ferramentas, como o Excel, para criar o gráfico de pareto e realizar as análises.	• Identificar os principais motivos de cancelamento de cirurgia. • Identificar os principais motivos de insatisfação dos clientes-pacientes. • Identificar os principais motivos de atraso na alta hospitalar.

Fonte: a autora do capítulo

O Quadro 4 contempla as ferramentas para planejar e testar projetos de melhoria.

Quadro 4 – Ferramentas para planejar e testar projetos de melhoria

Ferramenta	Quando usar	Como usar	Exemplo de situação para o uso
Modelos de melhoria	Usar "[...] quando um procedimento, processo ou sistema precisa ser alterado, ou um novo procedimento, processo ou sistema deve ser introduzido, para melhoria mensurável da qualidade".[57]	Para estruturar o esforço de melhoria que se pretende, é preciso trabalhar em equipe para a construção das respostas para as três perguntas: 1. O que estamos tentando realizar? 2. Como saberemos que uma mudança é uma melhoria? 3. Que mudanças podemos fazer que vão resultar em melhorias? A partir disso, é iniciado um ciclo de testes em pequena escala, por meio do PDSA no contexto em que o problema ocorre. A partir dos testes realizados, da apropriação dos aprendizados e do refinamento do processo, a mudança pode ser implementada em uma escala ampliada.[58]	• Redução de Pneumonia Associada à Ventilação (PAV) • Redução de evento adverso específico

---

[57] HEALTHCARE QUALITY IMPROVEMENT PARTNERSHIP, 2020, p. 17.
[58] SCOVILLE, R.; LITTLE, K. **Comparing lean and quality improvement**. [S. l.]: IHI White Papers, 2014.

Ferramenta	Quando usar	Como usar	Exemplo de situação para o uso
	**Planejar e testar projetos de melhoria**		
PDSA (Plan-Do-Study-Act)	Pode ser usado como uma estrutura para testes de mudanças em pequena escala, validar a mudança e por meio dos aprendizados conquistados e implementar de forma ampliada para a melhoria da qualidade dos processos e serviços.	Após definição do objetivo, é necessário passar por cada etapa do ciclo PDSA: *Plan* (planejar) passa por **definir** o que será testado, quais serão os indicadores da mudança, quais perguntas específicas serão respondidas com esse teste, quais dados precisam ser coletados. *Do* (executar) tem a ver com o que foi realmente executado. O que aconteceu que não estava planejado? *Study* (estudar) refere-se a complementar a análise dos dados, compilar e sumarizar o aprendizado. *Act* (agir) tem a ver com o que será feito com os aprendizados. Existe convicção para implantar a mudança em larga escala? Se não, o que será feito?	• Redução de infecção do trato urinário • Redução de eventos adversos relacionados aos medicamentos
Ferramentas do *Lean Healthcare*	As ferramentas do *Lean Healthcare* podem ser usadas para identificar e reduzir desperdícios: sejam de tempo, recurso, mão de obra, talento, entre outros.	São diversas as ferramentas associadas ao *Lean Healthcare*, como: Mapeamento do fluxo de valor; Diagrama de espaguete; 5S; Gestão visual e Poka Yoke. A escolha da ferramenta a ser utilizada requer entendimento sobre o propósito da melhoria.	• Mapa de fluxo de valor: para mapear a agregação de valor no processo de atendimento de consultas ambulatoriais

Ferra-menta	Planejar e testar projetos de melhoria		
^	Quando usar	Como usar	Exemplo de situação para o uso
			• Poka Yoke: "Sistema à prova de erros. Criação de barreiras para evitar que as falhas aconteçam. Pode ser por meio de checklist, alertas visuais, sonoros, entre outros. Grande importância para a ampliação da segurança do paciente."[59]

Fonte: a autora do capítulo

O Quadro 5 apresenta as ferramentas para promover a mudança na prática.

Quadro 5 – Ferramentas para promover a mudança na prática

Promover a mudança na prática			
Ferramenta	Quando usar	Como usar	Exemplo de situação para o uso
Inovações tecnológicas	"Quando processos e sistemas exigem automação para confiabilidade, economizando recursos. Para aumentar a confiabilidade, reduzir o erro humano e a variação no cuidado, para melhorar a qualidade".[60]	De acordo com as necessidades e oportunidades da organização de saúde.	• Teleconsulta • Automatização de processos repetitivos • Alarmes e alertas precoces para casos de deterioração clínica[61]

---

[59] PRESTES, A. Lean em Saúde. *In*: CIRINO, J. A. F. *et al*. **Manual do Gestor** Hospitalar. v. 2. Brasília: Federação Brasileira de Hospitais, 2020. p. 146.
[60] HEALTHCARE QUALITY IMPROVEMENT PARTNERSHIP, 2020. p. 23.
[61] HEALTHCARE QUALITY IMPROVEMENT PARTNERSHIP, 2020.

Promover a mudança na prática			
Ferramenta	Quando usar	Como usar	Exemplo de situação para o uso
Ferramenta de comunicação SBAR: Situation-Background-Assessment-Recommendation. (situação, breve histórico, avaliação, recomendação).	Para promover a comunicação assertiva e eficaz entre os colaboradores, minimizando a probabilidade de erros. Para a passagem de plantão para a transição segura de cuidado entre equipes assistenciais.	A estrutura da comunicação deve seguir a seguinte lógica: S Situação B Breve histórico A Avaliação R Recomendação Deve ser de forma clara e sucinta e incluir questões relevantes e compreensível, reduzindo o tempo gasto na troca de plantão e melhorando a qualidade da informação.	• Troca de plantão de equipes
Plano de ação	Recomendado o uso para o desdobramento de projetos em ações, como serão executadas, o estabelecimento de prazos e dos responsáveis é fundamental para a composição do plano de ação, independentemente do modelo a ser utilizado.	O primeiro passo é entender o objetivo do plano. Após isso, todas as ações necessárias deverão ser listadas em formulário próprio, padronizado pela instituição, para que o objetivo seja alcançado. O que deverá ser feito, quem deverá fazer e até quando a ação deverá ser realizada são itens básicos a serem preenchidos.	• Desdobramento dos objetivos estratégicos do Planejamento Estratégico • Relação de ações para a implantação de um novo processo de trabalho • Desdobramento de ações decorrentes de um projeto de melhoria

Fonte: a autora do capítulo

FERRAMENTAS CERTAS, PESSOAS PREPARADAS

Saber escolher as ferramentas adequadas para cada circunstância ou objetivo é extremamente necessário, considerando a realidade e a maturidade de gestão da organização. Independentemente das ferramentas usadas para a gestão da qualidade na organização de saúde, as pessoas precisam ser preparadas para usá-las. O treinamento teórico, mas principalmente o prático, é fundamental para que o conhecimento seja absorvido pelos colaboradores e que todos se sintam aptos a aplicá-las quando necessário.

Inicialmente, sugerimos que as equipes sejam treinadas em todas as ferramentas, ou os colaboradores podem ser divididos em grupos de acordo com a necessidade de utilização de determinadas ferramentas da qualidade em sua rotina de trabalho. De forma geral, relacionamos alguns pontos importantes que podem orientar a equipe de gestão da qualidade e de gestão de pessoas da instituição na hora de organizar e dimensionar os treinamentos:

1. Identificar as necessidades de treinamento da equipe – avaliar o nível de conhecimento da equipe e como ela pode melhorar;

2. Selecionar as ferramentas da qualidade – escolher aquelas apropriadas para cada grupo de colaboradores, por áreas ou por necessidades no dia a dia de trabalho. É possível que a decisão institucional seja treinar todos os colaboradores envolvidos em todas as ferramentas da qualidade a ser utilizadas internamente. Nesse caso, sugerimos que seja elencada a priorização;

3. Desenvolver um plano de treinamento – inclui minimamente o cronograma, o conteúdo, os materiais de apoio e os métodos de ensino definidos;

4. Executar o treinamento – por meio de técnicas de ensino eficazes que permitam que os colaboradores tenham tempo para praticar as ferramentas da qualidade, ou seja, aprendam na prática;

5. Monitorar e avaliar a aprendizagem e o uso – realizar avaliações periódicas para verificar se a equipe está utilizando as ferramentas da qualidade da forma adequada e obtendo os resultados esperados.

É importante que sejam estabelecidos ciclos contínuos de treinamentos, visando à qualificação dos novos profissionais contratados pela instituição, bem como o reforço e a revisão para aqueles que já participaram de treinamentos iniciais, até que o uso habitual e os treinamentos específicos possam ser descontinuados. Nesse sentido, é imprescindível a aplicação de pesquisa para avaliar a retenção do conteúdo dos momentos de qualificação.

INSTRUMENTALIZAR PARA A MELHORIA DA QUALIDADE

Como descrito no início deste capítulo, buscar a melhoria da qualidade dos serviços de saúde é fator de sobrevivência organizacional. Fornecer meios para que isso ocorra de forma estruturada e faça parte da cultura da instituição é dever da alta gestão, a partir de serviços de gestão da qualidade fortes e atuantes.

Para promover melhorias nos processos e nos resultados, é preciso que as pessoas estejam aptas para utilizar a ferramenta da qualidade adequada em cada caso. Nesse sentido, conhecer as ferramentas existentes, apropriar-se do conteúdo teórico e, posteriormente, desenvolver a aptidão prática é essencial aos profissionais que atuam em instituições de saúde e, principalmente, àqueles que labutam em escritórios de qualidade.

Quando estamos dispostos ao aprendizado contínuo, tudo passa a ser um importante contributo de melhoria, a começar por nós, os profissionais de saúde, como atores centrais para a promoção de melhorias nas entregas ao clientes-pacientes.

REFERÊNCIAS

HEALTHCARE QUALITY IMPROVEMENT PARTNERSHIP. **A guide to quality improvement tools**. London: HQIP, 2020.

PRESTES, A. Lean em Saúde. *In*: CIRINO, J. A. F. *et al.* **Manual do Gestor Hospitalar**. v. 2. Brasília: Federação Brasileira de Hospitais, 2020.

PRESTES, A. Gestão da Qualidade. *In*: RUGGIERO, A, M.; LOLATO, G. (org.). **A jornada da Acreditação**: série 20 anos. São Paulo: Organização Nacional de Acreditação, 2020.

RIPPEL, A. Ferramentas de gestão da qualidade. *In*: RUGGIERO, A. M.; LOLATO, G. (org.). **A jornada da Acreditação**: série 20 anos. São Paulo: Organização Nacional de Acreditação, 2020.

SCOVILLE, R.; LITTLE, K. **Comparing lean and quality improvement**. [*S. l.*]: IHI White Papers, 2014.

WORLD HEALTH ORGANIZATION. **Improving the quality of health services - tools and resources**. Geneva: WHO, 2018.

CONSIDERAÇÕES

O APRENDIZADO COMO PRINCIPAL PILAR

Andréa Prestes
Gilvane Lolato
J. Antônio Cirino

A qualidade em saúde é um conceito fundamental e multidimensional que, cada vez mais, ganha notoriedade e é campo de estudo para a promoção de cuidados de saúde seguros, eficazes, centrados no paciente, oportunos, eficientes e equitativos. No entanto, muitas vezes, seu entendimento pode ser considerado complexo e difícil para profissionais de saúde, que precisam aplicar a teoria na prática diária na prestação do cuidado.

Esta obra trouxe assuntos importantes e centrais num contexto mais acessível e compreensível, o que favorece a clareza sobre o tema. Para descomplicar a abordagem, procuramos utilizar uma linguagem simples e sem jargões técnicos, oferecendo o input teórico juntamente de dicas para a aplicação prática, no intuito de ampliar a compreensão e o engajamento de todas as partes interessadas, ansiosos para uma prestação de cuidados mais seguro para todos.

Com o capítulo "Estratégias para a excelência", aprendemos sobre a importância do posicionamento estratégico para que as organizações de saúde obtenham bons resultados. Vimos o Planejamento Estratégico (PE) como essencial para o alcance dos objetivos institucionais, com a inclusão de toda a estrutura hierárquica nesse processo, e aprendemos sobre a estruturação das fases para a implantação do PE, o monitoramento do planejado e a análise dos resultados.

No capítulo "Políticas institucionais como normas internas", ressaltamos a necessidade de se trabalhar o tema de forma sistêmica e transversal nas organizações de saúde. Percebemos a conexão das políticas com o PE e compreendemos a correlação das políticas com a cadeia de valor e gestão por processos. Conhecemos as principais políticas para serviços de saúde, o ciclo de vida delas, bem como a necessidade de comunicar e sensibilizar sobre o tema.

No capítulo "Caminhos para a estruturação de protocolos", conhecemos os pontos cruciais para a estruturação de protocolos e compreendemos a diferença entre protocolos clínicos, de segurança e clínicos gerenciados e como estruturá-los. Também aprendemos sobre o monitoramento e gerenciamento de protocolos e como é possível identificar melhorias a partir dos resultados.

Para o monitoramento dos processos e atividades, o capítulo "Medindo e melhorando os resultados" trouxe o conhecimento sobre o que é Gestão por Resultados, quais são seus benefícios e como pode ser implementada. Ofertou ainda ensinamentos sobre a criação dos indicadores e análise crítica dos resultados, como suporte para a tomada de decisão e identificação das oportunidades de melhorias.

No capítulo "Gestão documental para padronizar e melhorar processos", entendemos a importância da gestão documental para a gestão por processos, conhecemos modelos de documentos e o ciclo de vida da documentação. Tivemos a oportunidade de aprender sobre as cópias controladas e as não controladas de documentos e como realizar o gerenciamento do uso dos documentos. Aprendemos, ainda, sobre o uso da documentação para capacitação das equipes e o controle e rastreabilidade

Outra abordagem essencial foi a presentada no capítulo "Auditorias internas como instrumento para a conformidade", em que elencamos os tipos de auditorias e seus conceitos. Abordamos desde a definição da amostragem, passando pela sistemática para realização de auditorias, o passo a passo para a estruturação da auditoria, até o que fazer com os resultados da auditoria para promover melhorias.

O capítulo "A segurança do paciente na prática" trouxe a discussão sobre o sistema organizacional e a redução dos riscos de erros. Abordou os protocolos de segurança do paciente e sua importância para assegurar a qualidade e minimizar as falhas. Vimos como estruturar um sistema para a notificação, análise e tratativa dos incidentes na prestação do cuidado. Entendemos como podemos aprender com os incidentes e não conformidades de processos e compreendemos o papel da educação continuada como principal aliada na segurança do paciente.

Com a abordagem apresentada no capítulo "Gerenciamento das comissões", compreendemos o propósito das comissões, sua documentação, composição e seu regimento. Aprendemos sobre a importância da capacitação dos membros e a definição clara de suas atribuições e como realizar a comunicação, o gerenciamento e a interação entre as comissões e, ainda, entendemos a conexão existente com os canais de melhoria.

Por fim, no capítulo "Aplicando as ferramentas da qualidade", trouxemos as principais ferramentas da qualidade e como elas impactam os resultados da gestão. Aprendemos a escolher a ferramenta certa para diferentes objetivos, a necessidade de preparar os colaboradores para utilização das ferramentas da qualidade e compreendemos como essa mudança de cultura pode impactar os resultados da gestão da organização de saúde.

Esperamos que o conteúdo apresentado nesta obra possa contribuir para a ampliação do entendimento sobre a gestão da qualidade em saúde. Que tenhamos conseguido descomplicar o tema, favorecendo a aplicação prática no dia a dia das instituições de saúde! Nosso desejo é cooperar para a promoção e construção de uma jornada sustentável para a melhoria contínua do cuidado em saúde, pautada no aprendizado e qualificação de profissionais e, por meio deles, promover melhorias organizacionais. Agradecemos a oportunidade de compartilhar essas experiências.